図解 よくわかる IATF 16949

自動車産業の要求事項からプロセスアプローチまで

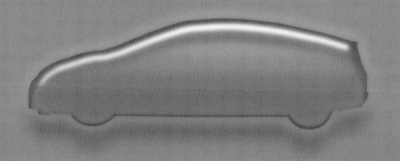

岩波好夫 著

日科技連

まえがき

　ISO/TS 16949 が広く認証されるようになり、今までの金属関係の自動車部品メーカーに加えて、電子部品や化学素材関係企業の認証取得が多くなっています。その ISO/TS 16949 が、2016 年 10 月に IATF 16949 として生まれ変わりました。

　IATF 16949 では、品質マネジメントシステム規格 ISO 9001 の目的である、品質保証と顧客満足に加えて、製造工程、生産性、コストなどの、企業のパフォーマンスの改善を対象としています。IATF 16949 のねらいは、不適合の検出ではなく、不適合の予防と製造工程におけるばらつきと無駄の削減です。

　IATF 16949 規格の基本規格である ISO 9001 が改訂され、リスクを考慮した品質マネジメントシステム規格になりましたが、IATF 16949 規格は、旧規格の ISO/TS 16949 のときから、リスクを考慮した規格になっています。したがって IATF 16949 規格は、自動車産業のみならず、あらゆる製造業における経営パフォーマンス改善のために活用できる規格といえます。

　本書は、IATF 16949 認証制度、自動車産業の顧客志向にもとづくプロセスアプローチ、プロセスアプローチ内部監査、ならびに IATF 16949 規格要求事項について、図解によりわかりやすく解説することを目的としています。

　本書は、第Ⅰ部 IATF 16949 認証制度とプロセスアプローチ、および第Ⅱ部 IATF 16949 要求事項の解説の 2 部で構成されています。

　第Ⅰ部は、次の第 1 章から第 3 章で構成されています。

　第 1 章　IATF 16949 認証制度と要求事項の概要

　この章では、IATF 16949 のねらいと適用範囲、IATF 16949 認証プロセス、IATF 16949 関連規格および IATF 16949 規格 2016 年版の概要などについて解説しています。

まえがき

第2章　自動車産業のプロセスアプローチ

この章では、ISO 9001 でも求められているプロセスアプローチの基本、および IATF 16949 で求められている自動車産業のプロセスアプローチについて解説しています。

第3章　プロセスアプローチ内部監査

この章では、内部監査プログラム、プロセスアプローチ内部監査および内部監査員の力量について解説しています。

第Ⅱ部は、次の第4章から第10章で構成されています。

第4章　組織の状況

この章では、IATF 16949 規格箇条4の要求事項について解説しています。

第5章　リーダーシップ

この章では、IATF 16949 規格箇条5の要求事項について解説しています。

第6章　計画

この章では、IATF 16949 規格箇条6の要求事項について解説しています。

第7章　支援

この章では、IATF 16949 規格箇条7の要求事項について解説しています。

第8章　運用

この章では、IATF 16949 規格箇条8の要求事項について解説しています。

第9章　パフォーマンス評価

この章では、IATF 16949 規格箇条9の要求事項について解説しています。

第10章　改善

この章では、IATF 16949 規格箇条10の要求事項について解説しています。

本書は、次のような方々に、読んでいただき活用されることを目的としています。

① 自動車産業の品質マネジメントシステム規格IATF 16949認証取得を検討中の企業の方々
② ISO/TS 16949：2009認証からIATF 16949：2016認証への移行を行う企業の方々
③ IATF 16949認証制度、IATF 16949要求事項、および自動車産業のプロセスアプローチを理解し、習得したいと考えておられる方々
④ ISO 9001にも活用できる、経営パフォーマンスの改善に有効な、自動車産業のプロセスアプローチ監査手法を理解したいと考えておられる方々
⑤ ISO 9001の品質保証と顧客満足だけでなく、製造工程、生産性、コストなどの経営パフォーマンスの改善のために、現在のISO 9001品質マネジメントシステムをレベルアップさせたいと考えておられる企業の方々

読者のみなさんの会社のIATF 16949認証取得、ISO/TS 16949認証からIATF 16949認証への移行、ISO 9001およびIATF 16949システムのレベルアップのために、本書がお役に立つことを期待しています。

謝　辞

本書の執筆にあたっては、巻末にあげた文献を参考にしました。特に、IATF 16949規格、IATF承認取得ルール、ISO 9001規格、AIAGのコアツール参照マニュアルを参考にしました。それらの和訳版は、（一財）日本規格協会または㈱ジャパン・プレクサスから発行されています。それぞれの内容の詳細については、これらの参考文献を参照ください。

最後に本書の出版にあたり、多大のご指導いただいた日科技連出版社出版部部長戸羽節文氏ならびに木村修氏に心から感謝いたします。

2017年3月

岩波　好夫

まえがき

[第4刷発刊にあたって]

　2017年10月に、IATF 16949の公式解釈集（sanctioned interpretations、SIs）が発行されました。SIは、IATF 16949規格を補足するものですが、要求事項として扱われます。本書の第4刷では、これらのSIを取り入れ、従来のIATF 16949規格からの変更箇所に下線を引いて示しています。

[第5刷発刊にあたって]

　2018年4月に、追加のIATF 16949の公式解釈集（sanctioned interpretations、SIs）が発行されました。本書の第5刷では、これらのSIを取り入れ、従来のIATF 16949規格からの変更箇所に下線を引いて示しています。

目　次

まえがき　3

第Ⅰ部　IATF 16949 認証制度とプロセスアプローチ　9

第 1 章　IATF 16949 認証制度と要求事項の概要　11
1.1　IATF 16949 のねらいと適用範囲　12
1.2　IATF 16949 の認証プロセス　20
1.3　関連規格　28
1.4　IATF 16949 規格 2016 年版の概要　31

第 2 章　自動車産業のプロセスアプローチ　45
2.1　プロセスアプローチ　46
2.2　自動車産業のプロセスアプローチ　54

第 3 章　プロセスアプローチ内部監査　63
3.1　監査プログラム　64
3.2　プロセスアプローチ内部監査　72
3.3　内部監査員の力量　79

第Ⅱ部　IATF 16949 要求事項の解説　83

第 4 章　組織の状況　85
4.1　組織およびその状況の理解　86
4.2　利害関係者のニーズおよび期待の理解　86
4.3　品質マネジメントシステムの適用範囲の決定　88
4.4　品質マネジメントシステムおよびそのプロセス　91

第 5 章　リーダーシップ　95
5.1　リーダーシップおよびコミットメント　96
5.2　方　針　99
5.3　組織の役割、責任および権限　99

目　次

第6章　計　画 ……………………………………… 103
6.1　リスクおよび機会への取組み　104
6.2　品質目標およびそれを達成するための計画策定　110
6.3　変更の計画　110

第7章　支　援 ……………………………………… 113
7.1　資　源　114
7.2　力　量　124
7.3　認　識　128
7.4　コミュニケーション　128
7.5　文書化した情報　130

第8章　運　用 ……………………………………… 137
8.1　運用の計画および管理　138
8.2　製品およびサービスに関する要求事項　140
8.3　製品およびサービスの設計・開発　145
8.4　外部から提供されるプロセス、製品およびサービスの管理　162
8.5　製造およびサービス提供　173
8.6　製品およびサービスのリリース　194
8.7　不適合なアウトプットの管理　199

第9章　パフォーマンス評価 …………………… 205
9.1　監視、測定、分析および評価　206
9.2　内部監査　213
9.3　マネジメントレビュー　219

第10章　改　善 …………………………………… 223
10.1　一　般　224
10.2　不適合および是正処置　225
10.3　継続的改善　229

　　参考文献　233
　　索　引　235

装丁＝さおとめの事務所

第Ⅰ部

IATF 16949 認証制度とプロセスアプローチ

第Ⅰ部では、IATF 16949認証制度と要求事項の概要、自動車産業のプロセスアプローチ、およびIATF 16949で求められているプロセスアプローチ内部監査について説明します。

　第Ⅰ部は、次の章で構成されています。
　第1章　IATF 16949の認証制度と要求事項の概要
　第2章　自動車産業のプロセスアプローチ
　第3章　プロセスアプローチ内部監査

　なお、詳細については、下記の参考文献を参照ください。
- 自動車産業認証スキーム IATF 16949 － IATF承認取得および維持のためのルール
- IATF 16949規格
- ISO 9001規格
- ISO 19011（マネジメントシステム監査のための指針）

第1章
IATF 16949認証制度と要求事項の概要

　本章では、IATF 16949のねらいと適用範囲、IATF 16949の認証プロセス、IATF 16949関連規格およびIATF 16949規格2016年版の概要について説明します。

　この章の項目は、次のようになります。

1.1	IATF 16949のねらいと適用範囲
1.1.1	品質マネジメントシステムの目的
1.1.2	品質マネジメントの原則
1.1.3	IATF 16949のねらい
1.1.4	適用範囲
1.1.5	IATF 16949要求事項の適用除外
1.1.6	IATF 16949規格制定の経緯
1.1.7	IATFの役割
1.1.8	IATF 16949要求事項
1.2	IATF 16949の認証プロセス
1.2.1	認証申請から第一段階審査まで
1.2.2	第二段階審査から認証取得まで
1.2.3	コーポレート審査スキーム(全社認証制度)
1.3	関連規格
1.3.1	IATF 16949関連規格
1.3.2	顧客固有の要求事項
1.4	IATF 16949規格2016年版の概要
1.4.1	ISO 9001規格2015年版の概要
1.4.1.1	ISO 9001：2015改訂の背景と目的
1.4.1.2	ISO 9001：2015の主な変更点
1.4.2	IATF 16949規格2016年版の概要
1.4.2.1	IATF 16949：2016改訂の背景
1.4.2.2	IATF 16949：2016の主な変更点

1.1 IATF 16949 のねらいと適用範囲

1.1.1 品質マネジメントシステムの目的

　自動車産業の品質マネジメントシステム規格 IATF 16949 の基本を構成する品質マネジメントシステム規格 ISO 9001 では、品質マネジメントシステムの実施による期待される効果(すなわち目的)として、次の4項目をあげています。

① 顧客要求事項および法令・規制要求事項を満たした製品・サービスの提供
② 顧客満足の向上
③ 組織の状況および目標に関連した、リスクおよび機会への取組み
④ 品質マネジメントシステム要求事項への適合の実証

1.1.2 品質マネジメントの原則

　ISO 9001 規格では、品質マネジメントシステムを運用する際の原則(品質マネジメントの原則)について述べています。IATF 16949 規格はこの原則にもとづいて作成されています。品質マネジメントの原則の内容と、IATF 16949 規格の要求事項との関係を図 1.1 に示します。なお、ISO 9000 規格(品質マネジメントシステム－基本および用語)では、品質マネジメントの原則の各項目について、内容の説明、その根拠、および主な便益と取り得る行動について説明しています。詳細については、ISO 9000 規格を参照ください。

1.1.3 IATF 16949 のねらい

　IATF 16949 規格では、その到達目標として、"この自動車産業品質マネジメントシステム規格の到達目標(goal)は、不具合の予防、ならびにサプライチェーンにおけるばらつきと無駄の削減を強調した、継続的改善をもたらす品質マネジメントシステムを開発することである"と述べています。すなわち、IATF 16949 のねらいは、不適合の検出ではなく、不適合の予防と製造工程のばらつきと無駄の削減にあります。

　また IATF 16949 では、IATF 16949 認証組織だけでなく、サプライチェーン(supply chain、顧客－組織－供給者のつながり)全体を対象としており、供給者(supplier)の製造工程を含めた管理と改善が求められています(図 1.2 参照)。

1.1.4 適用範囲
(1) 対象組織

IATF 16949認証は、顧客が規定する生産部品(production part)、サービス部品(service part)、およびアクセサリー部品(accessory part)を製造する、組織のサイト(site)に対して与えられます。

原則	説明	主なIATF 16949規格項目	
① 顧客重視	・品質マネジメントの主眼は顧客の要求事項を満たすことおよび顧客の期待を超える努力をすることにある。	4.3.2 5.1.2 9.1.2	顧客固有要求事項 顧客重視 顧客満足
② リーダーシップ	・すべての階層のリーダーは、目的と目指す方向を一致させ、人々が組織の品質目標の達成に積極的に参加している状況を作り出す。	5.1 5.2 9.3	リーダーシップおよびコミットメント 方針 マネジメントレビュー
③ 人々の積極的参加	・組織内のすべての階層の、力量があり、権限を与えられ、積極的に参加する人々が、価値を創造し提供する組織の実現能力を強化するために必須である。	7.2 7.3 7.4	力量 認識 コミュニケーション
④ プロセスアプローチ	・活動を、首尾一貫したシステムとして機能する相互に関連するプロセスであると理解し、マネジメントすることによって、矛盾のない予測可能な結果が、より効果的かつ効率的に達成できる。	4.4 9.1.1 9.2	品質マネジメントシステムおよびそのプロセス 監視・測定・分析・評価・一般 内部監査
⑤ 改善	・成功する組織は、改善に対して、継続して焦点を当てている。	10	改善
⑥ 客観的事実にもとづく意思決定	・データと情報の分析と評価にもとづく意思決定によって、望む結果が得られる可能性が高まる。	9.1.3	分析・評価
⑦ 関係性管理	・持続的成功のために、組織は、例えば提供者のような、密接に関連する利害関係者との関係をマネジメントする。	4.2 8.4	利害関係者のニーズ・期待の理解 外部提供プロセス・製品・サービスの管理

図1.1　品質マネジメントの原則

ISO 9001 のねらい		IATF 16949 のねらい	
顧客満足	品質保証	組織の製造工程パフォーマンスの改善	供給者の製造工程パフォーマンスの改善
・品質の改善 ・納期の改善	・不良品の出荷防止 ・不適合の再発防止 ・不適合の予防	・製造工程のばらつきと無駄の削減 ・生産性の向上	・供給者の製造工程の改善

図 1.2　ISO 9001 と IATF 16949 のねらい

サイトとは、製造工程のある生産事業所すなわち工場のことです。また製造とは、次のものを製作または仕上げるプロセス(製造工程)をいいます。
① 生産材料、生産部品、サービス部品または組立製品の生産
② 熱処理、溶接、塗装、めっきなどの自動車関係部品の仕上げサービス
　　(熱処理、溶接、塗装、めっきなども、サービスと呼んでいます)

設計センター、本社および配送センターのような、製造サイトを支援する業務を行っている部門を支援部門(支援機能、support function)といいます。支援部門は、IATF 16949 認証を単独で取得することはできませんが、サイトの認証の範囲に含めることが必要です。このことは、支援部門が、サイト内にある場合も、サイトから離れた場所にある場合(遠隔地の支援事業所、remote location)も同じです(図 4.3、p.89 参照)。日本の本社に設計機能があり、その海外生産拠点(サイト)が IATF 16949 認証を取得する場合には、日本の設計部門が海外サイトの支援部門という扱いになります。

なお、組織に自動車部品を製造するサイトが複数(サイト A、サイト B など)あって、そのうちサイト B で製造している自動車部品の顧客が IATF 16949 認証を要求していない場合は、サイト B は、IATF 16949 認証範囲から除外してもよいことになります(図 1.3 参照)。

(2)　対象顧客と対象製品

IATF 16949 認証は、顧客が規定する生産部品、サービス部品、およびアクセサリー部品を製造する、製造サイトに対して与えられることを述べました。これらは、それぞれ図 1.4 に示すようになります。

第1章　IATF 16949認証制度と要求事項の概要

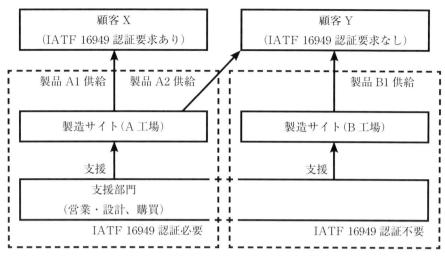

図1.3　IATF 16949認証取得の範囲

　また、アフターマーケット部品（aftermarket part）は、サービス用部品として自動車メーカーが調達・リリースするものではない交換部品で、自動車メーカーの仕様どおり製造されるものとそうでないものがあります。アフターマーケット部品だけを製造するサイトは、IATF 16949認証の対象にはなりません（図1.5参照）。

　IATF 16949認証対象の自動車には、乗用車、小型商用車、大型トラック、バスおよび自動二輪車が含まれます。一方、産業用車両、農業用車両、オフハイウェイ車両（鉱業用、林業用、建設業用など）は、IATF 16949認証の対象から除外されます。なお、特殊車（レースカー、ダンプトラック、トレーラー、セミトレーラー、現金輸送車、救急車、RVなど）は、IATFのOEM（original equipment manufacturer、自動車メーカー）によって装着される場合を除き、IATF 16949認証対象から除外されます。

　サイトが、IATF 16949の第三者認証を要求する自動車産業顧客に顧客規定の生産部品を供給している場合、そのサイトのすべての自動車産業顧客を審査範囲に含めることが必要です。IATF 16949の第三者認証を要求しない顧客向けの製品を除外することはできません。そのサイトは、一部の製品に限定してIATF 16949認証を取得することはできません。

IATF 16949認証対象製品			IATF 16949認証対象外製品
生産部品	サービス部品	アクセサリー部品	アフターマーケット部品
・自動車メーカー（OEM）の自動車の生産用に使用される部品	・（自動車メーカーの仕様どおり製造され）サービス部品として使用される部品	・（自動車メーカーの仕様どおり製造され）最終顧客への自動車の引渡しに際して、自動車に組み込んで使用される追加部品 ・例　特注フロアマット、トラックベッドライナー、ホイールカバー、音響システム機能強化装置、サンルーフ、スポイラー、スーパーチャージャなど	・サービス用部品として自動車メーカーが調達・リリースするものではない交換部品 ・自動車メーカーの仕様どおり製造されるものと、そうでないものがある。

図 1.4　IATF 16949 の対象製品（1）

IATF 16949認証対象製品	IATF 16949認証対象外の製品		
自動車メーカー用の製品	自動車メーカー用でない製品		
乗用車、小型商用車、大型トラック、バス、自動二輪車用の部品	アフターマーケット部品	産業用車両、農業用車両、オフハイウェイ車両用（公道を走らない鉱業用、林業用、建設業用など）の部品	自動車用以外の部品

図 1.5　IATF 16949 の対象製品（2）

1.1.5　IATF 16949 要求事項の適用除外

　IATF 16949 の要求事項のうちで適用を除外されるのは、製品の設計・開発責任のない組織の場合の、製品の設計・開発に限られます。すなわち顧客が製品の設計・開発を行っている場合のみ、IATF 16949 規格箇条 8.3 の製品に関する設計・開発の要求事項は適用除外となります。

本社や関係会社で製品の設計・開発を行っている場合や、製品の設計・開発をアウトソースしている場合は、それらの部門が支援事業所に相当します。

1.1.6　IATF 16949 規格制定の経緯

品質マネジメントシステム規格 ISO 9001 が 1987 年に制定され、1994 年にその第 2 版が発行されましたが、それを受けて欧米各国において、自動車産業用の品質マネジメントシステム規格が、相次いで制定されました。QS-9000(アメリカ)、VDA6.1(ドイツ)、EAQF(フランス)、AVSQ(イタリア)などです。これらのなかで最も普及したのは、米国自動車メーカーのビッグスリー (big three、ゼネラルモーターズ、フォードおよびクライスラー)によって、1994 年に制定された QS-9000 です。

これらの欧米各国の自動車産業の品質マネジメントシステム規格を統合した国際規格として、1999 年に ISO/TS 16949 規格の第 1 版が制定されました。これは ISO 9001：1994 を基本規格としています。その後 ISO 9001 規格が 2000 年に改訂されたのを受けて、ISO/TS 16949 規格も 2002 年に改訂されて第 2 版が発行されました。そして ISO 9001 が 2008 年に改訂されたのを受けて、ISO/TS 16949 規格も 2009 年に改訂されて第 3 版が発行されました。そして、ISO 9001 が 2015 年に改訂されたのを受けて、名称も変わって、IATF 16949 規格の第 1 版が 2016 年に制定されました。"IATF 16949：2016　自動車産業品質マネジメントシステム規格－自動車産業の生産部品および関連するサービス部品の組織に対する品質マネジメントシステム要求事項"は、ISO 9001：2015 を基本規格として、それに自動車産業固有の要求事項を追加した、品質マネジメントシステムに関する自動車産業のセクター規格です(図 1.8 参照)。

1.1.7　IATF の役割

IATF 16949 は、IATF(international automotive task force、国際自動車業界特別委員会)によって制定されました。IATF は、アメリカの FCA US(旧クライスラー)、フォードおよびゼネラルモーターズ、ならびにヨーロッパの BMW、ダイムラー、FCA イタリア(旧フィアット)、PSA、ルノーおよびフォルクスワーゲンの欧米自動車メーカー 9 社と、これらの自動車メーカーの本社がある、AIAG(アメリカ)、ANFIA(イタリア)、IATF France(フランス)、

第 I 部　IATF 16949 認証制度とプロセスアプローチ

SMMT（イギリス）および VDA（ドイツ）の欧米 5 カ国の自動車業界団体で構成されています（図 1.6 参照）。

ISO 9001 と IATF 16949 の認証制度を比較すると、ISO 9001 では、各国の認定機関が認証機関（審査会社）の認定を行っていますが、IATF 16949 では、認証機関の認定を IATF が行うシステムになっています（図 1.9 参照）。

そして IATF 16949 認証の管理は、IATF の監督機関（oversight office、オーバーサイトオフィス）によって、自動車産業認証スキーム IATF 16949 − IATF 承認取得および維持のためのルール（IATF 承認取得ルール）に従って行われています。IATF 監督機関は、IATF メンバーのある 5 カ国に設置されています。日本を含むアジア地区は、IAOB（international automotive oversight bureau、米国国際自動車監督機関）が管理しています（図 1.6 参照）。

		アメリカ	ヨーロッパ
IATF メンバー	自動車メーカー（9 社）	FCA US、フォード、ゼネラルモーターズ	BMW、ダイムラー、FCA イタリア、PSA、ルノー、フォルクスワーゲン
	自動車業界団体（5 カ国）	AIAG	ANFIA（イタリア）、IATF France（フランス）、SMMT（イギリス）、VDA（ドイツ）
IATF 監督機関		IAOB	ANFIA（イタリア）、IATF France（フランス）、SMMT（イギリス）、VDA QMC（ドイツ）

図 1.6　IATF メンバー

IATF 16949 要求事項（認証審査の基準）		
IATF 16949 規格要求事項		顧客（自動車メーカー）固有の要求事項（CSR）
ISO 9001 規格要求事項	自動車産業固有の要求事項	

図 1.7　IATF 16949 の要求事項

1.1.8　IATF 16949 要求事項

　IATF 16949 規格は、ISO 9001 規格を基本規格とし、これに自動車産業固有の要求事項を追加した、品質マネジメントシステムの規格です。また IATF 16949 認証審査の際の基準としては、図 1.7 に示すように、IATF 16949 規格要求事項以外に、顧客（自動車メーカー）固有の要求事項（CSR、customer-specific requirements）が含まれます。

	ISO 9001	QS-9000（アメリカ）	IATF 16949
1987年	ISO 9001第1版発行		
1994年	ISO 9001第2版発行	QS-9000第1版発行	
1995年		QS-9000第2版発行	
1998年		QS-9000第3版発行	
1999年			ISO/TS 16949第1版発行
2000年	ISO 9001第3版発行		
2002年			ISO/TS 16949第2版発行
2006年		QS-9000廃止	
2008年	ISO 9001第4版発行		
2009年			ISO/TS 16949第3版発行
2015年	ISO 9001第5版発行		
2016年			IATF 16949第1版発行

図 1.8　IATF 16949 規格制定の経緯

図 1.9　ISO 9001 と IATF 16949 の認証制度

1.2 IATF 16949 の認証プロセス

1.2.1 認証申請から第一段階審査まで

(1) 事前準備

　IATF 16949 の認証申請から認証取得までのフローは、図 1.11 のようになります。IATF 16949 認証取得を希望する組織から、認証機関(certification body)への認証申請の際に、図 1.10 に示す情報を提出します。ここで、"製品設計責任"とは、製品の設計を顧客が行っているかどうかということです。

(2) 予備審査

　ISO 9001 では、予備審査(pre-audit)は認められていませんが、IATF 16949 では組織の希望で予備審査を受けることができます。予備審査は次のように行われます。

項目	内容
a） 希望する認証適用範囲	・対象顧客、対象製品など
b） 希望する認証構造 （申請依頼者の概要）	・サイトの名称・住所 ・追加の拡張製造サイト、遠隔地支援事業所の住所 ・プロセスマップ、品質マニュアル、製品、関連法規制など
c） アウトソースの情報	・アウトソースプロセスに関する情報
d） コンサルティングに関する情報	・コンサルティング利用に関する情報
e） 製品設計責任に関する情報	・顧客責任か ・依頼者責任か(アウトソースを含む)
f） 顧客の情報	・自動車産業顧客の情報(IATF OEM のサプライヤコードを含む)
g） 従業員数	・常勤、パートタイム、臨時、契約社員を含む。
h） IATF 16949 認証の情報	・現行または以前の IATF 16949 認証の情報

図 1.10　認証機関への申請時提出情報

第1章　IATF 16949認証制度と要求事項の概要

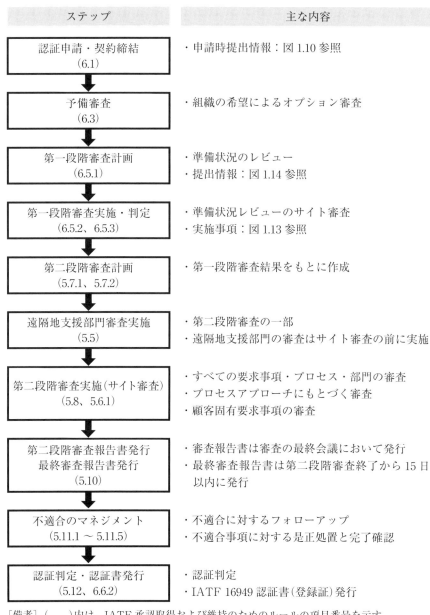

図 1.11　IATF 16949 初回認証審査のフロー

① 第一段階審査の前に、各サイトに対して1回だけ行うことができる。
② 予備審査の審査工数は、第二段階審査工数の80%未満となる。
③ 予備審査に割当てられた審査員は、初回認証審査に参加できない。
④ 予備審査の所見は拘束力がない。すなわち審査員は、予備審査の所見に対して、是正処置を要求してはいけない。

(3) 第一段階審査

IATF 16949の初回認証審査は、ISO 9001と同様、第一段階審査(stage 1 audit、ステージ1準備状況のレビュー)と第二段階審査(stage 2 audit、ステージ2審査)の2段階で、次のように行われます(図1.12参照)。

① 品質マニュアルや第一段階審査前に提出した資料の確認を含めて、適用範囲の決定と第二段階審査に進んでよいかどうかの判断が行われる。
② 原則として製造サイトで1～2日間行われる。遠隔地の支援部門も含まれる。
③ 第一段階審査の前に認証機関に提出する主な情報は、図1.14のようになる。
④ 第一段階審査における実施事項(確認事項)は、図1.13に示すようになる。
⑤ 第一段階審査報告書には、第二段階審査で不適合となる可能性のある懸念事項と第一段階審査の結果が含まれる。不適合報告書は発行されない。
⑥ 第二段階審査に進むための"準備ができていない"と、審査チームが判断した場合は、再度第一段階審査を受けることになる。

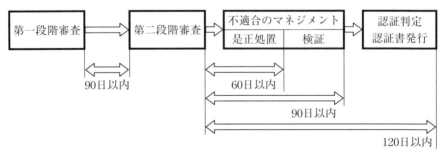

図1.12　IATF 16949初回認証審査のスケジュール

第1章 IATF 16949認証制度と要求事項の概要

項　目	内　容
a) マネジメントシステム文書の評価	・遠隔地支援部門およびアウトソースプロセスとの関係を含む。
b) 第二段階審査の準備状況の確認	・第二段階審査の準備状況を判定するために依頼者と協議する。
c) 主要パフォーマンスの評価	・マネジメントシステムの主要なパフォーマンスまたは重要な側面、プロセス、目的および運用の特定に関して評価する。
d) マネジメントシステムに関する情報の収集	・マネジメントシステムの適用範囲、プロセス、所在地および関連法規制などに関して、必要な情報を収集する。
e) 第二段階審査の詳細について依頼者と合意	・第二段階審査のための資源の割当てをレビューし、第二段階審査の詳細について依頼者と合意する。
f) 第二段階審査を計画する上での焦点の明確化	・依頼者のマネジメントシステムおよびサイトの運用を理解することによって、第二段階審査計画の焦点を明確にする。
g) 内部監査・マネジメントレビューの計画・実施状況の評価	・内部監査およびマネジメントレビューが計画され実施されているかどうかについて評価する。 ・マネジメントシステム実施の程度が第二段階審査のための準備が整っていることを実証するものであることを評価する。
h) 設計・開発能力の検証	・依頼者および設計のアウトソースが、箇条 8.3 設計・開発の実現能力をもっていることを検証する。

［備考］依頼者＝組織

図 1.13　第一段階審査における確認事項

1.2.2　第二段階審査から認証取得まで

(1)　第二段階審査

第二段階審査は次のように行われます。

① 第二段階審査は、第一段階準備状況のレビュー・承認から 90 暦日以内に開始される。

② 第二段階審査の目的は、有効性を含む、依頼者のマネジメントシステムの実施を、プロセスベースで評価することである。

③ 第二段階審査では、すべてのサイト（生産事業所）、すべての支援部門、およびシフト（交代勤務）が審査の対象となる。

　　第二段階審査はまた、すべてのプロセス、すべての IATF 16949 要求事項および顧客固有の要求事項（CSR）を含めて行われる。

項　目	内　容
a）　支援事業所の情報	・遠隔地支援事業所およびその提供する支援の情報
b）　品質マネジメントシステムのプロセス	・プロセスの順序と相互作用 ・遠隔地支援部門およびアウトソースプロセスを含む。
c）　主要指標およびパフォーマンスの傾向	・直近12カ月間の主要指標およびパフォーマンスの傾向
d）　IATF 16949の要求事項への対応	・プロセスとIATF 16949要求事項との対応状況
e）　品質マニュアル	・各生産事業所のもの ・サイト内または遠隔地支援部門との相互作用を含む。
f）　内部監査およびマネジメントレビュー	・IATF 16949に対する完全な1サイクル分の内部監査、およびそれに続くマネジメントレビューの証拠
g）　内部監査員のリスト	・適格性確認された内部監査員のリストおよび適格性確認基準
h）　顧客および顧客固有要求事項のリスト	・自動車産業顧客およびその顧客固有要求事項のリスト（該当する場合）
i）　顧客満足度情報	・顧客苦情の概要と対応状況 ・スコアカードおよび特別状態（該当する場合）

図1.14　認証機関への認証審査のための提出情報

④　第二段階審査は、自動車産業のプロセスアプローチにもとづき、組織の各プロセスに対して実施される。部門ごとの審査ではなく各プロセスに対する審査となる。

・自動車産業のプロセスアプローチおよびプロセスアプローチ監査については、本書の第2章および第3章参照

(2)　支援部門の審査

第二段階審査では、遠隔地の支援部門の審査は、サイト（生産事業所）よりも先に実施されます。

なお、遠隔地の支援部門が、他の認証機関からIATF 16949認証を取得しているサイトの支援部門に含まれている場合は、認証機関の判断で、他の認証機関による遠隔地の支援部門の審査が受入れられることがあります。

(3) 審査所見および審査報告書

　審査所見（audit findings）では、審査基準に対する適合または不適合のいずれかが示され、不適合は、メジャー不適合（重大な不適合、major nonconformity）とマイナー不適合（軽微な不適合、minor nonconformity）に区分されます（図1.15参照）。最終審査報告書は、第二段階審査から15日以内に発行されます。

(4) 不適合のマネジメント

　第二段階審査で不適合が検出された場合、組織は不適合に対する是正処置を行い、審査員がその内容と完了の確認を行います。

　第二段階審査の結果、メジャー不適合や多くのマイナー不適合が発見された場合は、現地特別審査（フォローアップ審査）が行われます。不適合事項に対する是正処置が完了すると、認証機関において認証可否の判定が行われ、認証が決定されると認証証（登録証）が発行されます。

　メジャー不適合は、90日以内に現地での検証が必要となります。また、マイナー不適合の現地検証については、認証機関によって判断されます。

(5) 認証可否の判定

　認証機関による認証判定は、第二段階審査の最終日から120日以内に行われます。認証書（登録証、certificate）は、要求事項に100%適合し、審査中に発見された不適合が100%解決している場合に発行されます。なお、IATF 16949の審査に関しては、図1.12（p.22）に示すような期限が設けられています。

(6) 適合書簡（適合証明書）

　次のような場合には、認証証は発行されませんが、認証機関から適合書簡（適合証明書、letter of conformance）が発行されます。
- a） 組織は、第一段階審査に必要な情報を提供している。この情報には内部・外部パフォーマンスデータ、ならびに完全な1サイクルの内部監査およびマネジメントレビューが含まれるが、内部監査およびパフォーマンスデータが12カ月分に満たない。

b) 該当するサイトは、初回認証審査（第一段階準備状況レビューおよび第二段階）を完了し、不適合は100%解決されている。

1.2.3　コーポレート審査スキーム（全社認証制度）

複数の製造サイトが、図1.16に示すコーポレート審査スキーム（全社認証制度、corporate certification scheme）の条件を満たしている場合は、複数のサイトが共通の支援部門とともに審査を受け、コーポレート審査スキームを適用することができます。その場合は、サイトごとに審査を受ける場合にくらべて、合計審査工数（審査日数）が削減されます。

等　級	基　準
メジャー不適合 （重大な不適合）	次のいずれかの不適合： ① IATF 16949の要求事項に対する不適合で、次のいずれかの場合： 　a) システム（仕組み）ができていない場合 　b) 仕組みはあるが、ほとんど機能していない場合 　c) ある要求事項に対する軽微な不適合が多数あり、仕組みが機能していない場合 ② 不適合製品が出荷される可能性があり、製品・サービスの目的を達成できない場合 ③ 審査員の経験から判断される不適合で、次のいずれかの場合： 　a) 品質マネジメントシステムの失敗となる場合 　b) プロセス・製品の管理能力が大きく低下する場合
マイナー不適合 （軽微な不適合）	① 審査員の経験から判断される、IATF 16949の要求事項に対する不適合で、次のいずれかの場合： 　a) 品質マネジメントシステムの失敗にはならない場合 　b) プロセス・製品の管理能力が大きく低下しない場合 ② 上記の例： 　a) IATF 16949規格要求事項に対する、品質マネジメントシステムの部分的な失敗 　b) 品質マネジメントシステムの1項目に対する単独の遵守違反
改善の機会	① 要求事項に対する不適合ではないが、審査員の経験・知識から判断して、手順などを変えることによって、システムの有効性の向上が期待できる場合

図1.15　IATF 16949の審査所見の区分

第1章　IATF 16949認証制度と要求事項の概要

項　目	詳　細
a) 品質マネジメントが中央集権的に構築・管理	・品質マネジメントシステムは中央集権的に構築し、運営管理されている。 ・すべてのサイトで正規のIATF 16949の内部監査が行われている。
b) IATF 16949要求事項に適合	・品質マネジメントシステムは、IATF 16949要求事項に適合している。
c) 中央集権的運営管理活動に含まれる事項(該当する場合には必ず)	・次の事項が全社で統一して行われている。 　1) 戦略企画および方針策定 　2) 契約内容の確認 　3) 供給者の承認 　4) 教育訓練ニーズの評価 　5) 同じ品質マネジメントシステム文書 　6) マネジメントレビュー 　7) 是正処置の評価 　8) 内部監査の計画策定および結果の評価 　9) 品質計画および継続的改善活動 　10) 設計活動

図1.16　コーポレート審査スキーム(全社認証制度)

	ISO 9001規格	JIS Q 9001規格(日本語訳)
2000年版	performance	実施状況
2008年版	performance	成果を含む実施状況
2015年版	performance	パフォーマンス(測定可能な結果)

［備考］　JIS Q 9001は、2015年版でようやく結果重視の規格となった。
　　　　IATF 16949は、旧規格ISO/TS 16949のときから、結果重視で運用されている。

図1.17　"performance"の日本語訳の推移

1.3 関連規格
1.3.1 IATF 16949 関連規格

　IATF 16949 には、いわゆる IATF 16949 規格以外に、図 1.18 に示すような、各種関連規格があります。また本書では、AIAG(アメリカ)から発行されているコアツール(core tool)について説明していますが、IATF 16949 規格では、VDA(ドイツ)、ANFIA(イタリア)などから発行されている各手法についても、IATF 16949 規格の附属書 B で紹介しています(図 1.19 参照)。

分類	規格名称・コメント
IATF 16949 規格	・『対訳 IATF 16949:2016　自動車産業品質マネジメントシステム規格－自動車産業の生産部品および関連するサービス部品の組織に対する品質マネジメントシステム要求事項』 ・IATF 16949:2016 は、ISO 9001:2015 の要求事項を基本規格として採用し、それに自動車産業共通の要求事項を加えたもの
ISO 9001 規格	・『ISO 9001:2015(JIS Q 9001:2015)品質マネジメントシステム－要求事項』
顧客固有の参照マニュアル	・顧客固有のレファレンスマニュアル(参照マニュアル、reference manual)で、コアツールと呼ばれており、AIAG(全米自動車産業協会)などから発行されている(図 1.19 参照)。
顧客固有の要求事項	・IATF 16949 規格に記載された自動車産業共通の要求事項以外に、顧客固有の要求事項(CSR)として、各自動車メーカー個別の要求事項がある。
IATF 承認取得ルール	・『自動車産業認証スキーム IATF 16949 － IATF 承認取得および維持のためのルール』(automotive certification scheme for IATF 16949 － rules for achieving and maintaining IATF recognition) ・IATF 16949 認証に対する IATF の承認取得のルールを示した、IATF 16949 認証機関(審査機関)に対する要求事項の規格
IATF 16949 の SI、および FAQ	・SI(公式解釈集、sanctioned interpretations) ・FAQ(よくある質問、frequently asked questions) 　－IATF 16949 規格および IATF 承認取得および維持のためのルールに対する解説をしたもの
IATF 16949 審査員ガイド	・IATF 16949 の審査員に対するガイド

図 1.18　IATF 16949 の関連規格

1.3.2 顧客固有の要求事項

　自動車メーカー各社では、顧客固有の要求事項(CSR、customer-specific requirements)として、IATF 16949 規格に対する追加要求事項と、生産部品承認プロセス(PPAP、production part approval process)に対する追加要求事項を、それぞれ規定しています。IATF 16949 規格では、図 1.24(p.36)に示すように、顧客固有要求事項について述べている箇所が数多くあります。

　自動車産業の顧客固有の要求事項の例として、IATF 16949 規格に対するフォードの要求事項の一部を図 1.20 に示します。

　また、IATF 16949 規格には、図 1.19 にその一部を示したように、附属書 B において、コアツールなどの種々の技法が紹介されています。これらは、参考文献ですが、顧客から要求された場合は、要求事項となります。

区　分	発行	名　称
製品設計	AIAG	APQP and Control Plan
	AIAG	CQI-24 DRBFM
	VDA	Volume VDA-RGA－Maturity Level Assurance for New Parts
製品承認	AIAG	Production Part Approval Process(PPAP)
	VDA	Volume 2 Production Process and Product Approval (PPA)
FMEA	AIAG	Potential Failure Mode & Effect Analysis(FMEA)
	VDA	Volume 4 Chapter Product and Process FMEA
	ANFIA	AQ 009 FMEA
統計的ツール	AIAG	Statistical Process Control(SPC)
	ANFIA	AQ 011 SPC
測定システム解析	AIAG	Measurement Systems Analysis (MSA)
	VDA	Volume 5 Capability of Measuring Systems
	ANFIA	AQ 024 Measurement Systems Analysis
リスク分析	VDA	Volume 4 Ring-binder
ソフトウェア評価	SEI	Capability Maturity Mode Integration(CMMI)
	VDA	Automotive SPICE
内部監査	AIAG	CQI-8 Layered Process Audit
	VDA	Volume 6 part 3 Process Audit
	VDA	Volume 6 part 5 Product Audit

図 1.19　IATF 16949 規格附属書 B で紹介されている参考文献(例)

項　目	内　容
第三者認証登録	・フォードへのティア1サプライヤ(直接供給組織)は、ISO/TS 16949第三者認証を取得すること。 ・FSP(フォードサプライヤポータル)から、ISO/TS 16949認証登録の証拠を記録すること。
ES(技術仕様)試験パフォーマンス要求事項	・ES試験で不合格となった場合、直ちに製品の出荷を停止し、封じ込め処置をとり、フォードの関連部門に通知すること。 ・この要求事項は、サブティアサプライヤ(ティア2)にも適用される。
QMSのパフォーマンス	・経営者は、Q1製造事業所評価で規定されている、QOS(品質運用システム)パフォーマンス会議を毎月開催すること。
フォード指定特殊特性	・クリティカル特性(CC、▽)：安全性・法規制に関する特性 ・重要特性(SC)：安全性・法規制に関係しない特性 ・高影響特性(HI) ・労働安全特性(OS)
製品承認プロセス	・生産用部品に関して、AIAG発行のPPAPマニュアル、およびフォードグローバル段階別PPAPに従うこと。 ・サービス用部品に関して、AIAG発行のPPAPマニュアル、およびサービスPPAPに従うこと。 ・組織は、サブティアサプライヤ(ティア2)のPPAP承認または同等の部品承認の責任を有する。
測定システム解析	・コントロールプランにもとづいてフォード部品のチェックに用いるすべてのゲージは、AIAG発行のMSA参照マニュアルに従って、ゲージR&R調査を行うこと。
内部監査	・内部監査では、すべての組織のプロセスを、少なくとも年1回レビューすること。
製造プロセス監査	・ティア1サプライヤは、全階層のサプライヤが、適用されるフォード製造プロセス規格に対して評価されていることを確実にすること。 ・熱処理された製品および熱処理サービスを提供する組織および供給者は、AIAG CQI-9およびフォード固有CQI-9要求事項への適合を実証すること。
製造工程の監視・測定	・工程管理では、6σまたはその他の適切な方法を用いて、変動を低減させる到達目標を有する。
寸法検査	・寸法検査は、年に1度、少なくとも5個の部品に対して実施すること。

図1.20　顧客固有の要求事項の例(フォード)

1.4 IATF 16949 規格 2016 年版の概要

1.4.1 ISO 9001 規格 2015 年版の概要

1.4.1.1 ISO 9001：2015 改訂の背景と目的

　IATF 16949：2016 規格の基本を構成している、品質マネジメントシステム規格 ISO 9001：2015 改訂の背景、方針および目的について、ISO 専門委員会 TC176 によって作成された「設計仕様書」の中で、図1.21 に示すように述べています。

　また、ISO 9001 規格の"performance"に対する和訳も、時代とともに変化してきました。今までの"実施状況"や"成果を含む実施状況"から、"結果"が重要であるとの観点から、"パフォーマンス(すなわち測定可能な結果)"と、ようやく適切に訳されるようになりました(図1.17、p.27 参照)。

項　目	内　容
適合製品に関する信頼性の向上	・アウトプットマター(output matters)といわれる、結果重視への対応です。
あらゆる組織に適用可能な規格	・要求レベルの内容や表現が、サービス業にも使用しやすいように配慮する。
ISO 9001 の適用範囲	・次の2つの ISO 9001 規格の目的は変更しない。 　a)　顧客要求事項、法令・規制要求事項への適合 　b)　顧客満足の向上
事業プロセスへの統合	・品質マネジメントシステムを組織の事業プロセスに統合させる。
他のマネジメントシステム規格との整合化	・ISO/TMB(ISO 技術管理評議会)によって開発された、「ISO/IEC 専門業務用指針補足指針」の附属書 SL(共通テキスト)を適用する。 ・ISO 9001 規格だけでなく ISO 14001 規格など、すべてのマネジメントシステム規格と共通の規格構成(共通項目、共通用語、共通順序)として、組織が使いやすい規格構成とする。
プロセスアプローチの理解向上	・組織の業務に直結、プロセスを重視、パフォーマンス改善のために、プロセスアプローチの理解向上を図る。 ・プロセスアプローチは ISO 9001：2000 規格から含まれていたが、必ずしも適切に理解されていなかったため。

図1.21　ISO 9001：2015 改訂の背景と目的

1.4.1.2　ISO 9001：2015 の主な変更点

　ISO 9001：2015 の主な変更点は、図 1.22 に示すようになります。なお、ISO 9001：2015 規格改訂の詳細については、本書の第 4 章～第 10 章を参照ください。

項　目	内　容
事業プロセスとの統合	① 箇条 5.1 リーダーシップおよびコミットメントにおいて、経営者の責務として、事業プロセスへの品質マネジメントシステム要求事項の統合を確実にすること、すなわち経営システムと品質マネジメントシステムを整合させることが、要求事項となった。
リスク（risk）にもとづく考え方の採用	① 箇条 4.1 ～ 4.3 にもとづいて、リスクにもとづく考え方に従って、組織が抱えるリスクおよび機会への取組み（箇条 6.1）の計画を策定して運用することにより、リスクを未然に防止する仕組みを取り入れた品質マネジメントシステムとすることが求められている。 ② 予防処置の要求事項がなくなったが、これは、リスクと予防処置を全面的に考慮した品質マネジメントシステム規格に変わり、予防処置の要求はむしろ強化されたと考えるとよい。
トップマネジメントのリーダーシップ強化	① リーダーシップおよびコミットメント（箇条 5.1）では、経営者に対する要求事項が強化された。 ② 特に、経営者のリーダーシップとコミットメントの実証、品質マネジメントシステムの有効性の説明責任、事業プロセスへの品質マネジメントシステム要求事項の統合の確実化、プロセスアプローチおよびリスクにもとづく考え方の利用の促進を要求している。
プロセスアプローチ（process approach）採用の強化	① ISO 9001：2015 規格の序文 0.3 プロセスアプローチでは、次のように述べている。 　a） プロセスアプローチの採用に不可欠と考えられる特定の要求事項を箇条 4.4 に規定する。 　b） PDCA サイクルを、機会の利用および望ましくない結果の防止を目指すリスクにもとづく考え方に全体的な焦点を当てて用いることで、プロセスおよびシステム全体をマネジメントすることができる。 　c） プロセスアプローチによって、プロセスパフォーマンスの達成、およびプロセスの改善が可能になる。

図 1.22　ISO 9001：2015 の主な変更点（1/2）

第1章 IATF 16949 認証制度と要求事項の概要

項　目	内　容
プロセスアプローチ採用の強化(続)	② 上記の a)は、プロセスアプローチの具体的な手順は、ISO 9001：2015 規格の箇条 4.4 に示すと述べている。また b)および箇条 4.4 において、プロセスアプローチとは、各プロセスを PDCA の改善サイクルで運用することであることが明確になった。 ③ 箇条 4.4 は、附属書 SL(図 1.21 参照、p.31)に従って追加されたリスクおよび機会への取組み以外は、旧規格の箇条 4.1 と同じである。プロセスアプローチが要求事項となったことにより、有効性だけでなく、上記 c)のパフォーマンスの改善につながることが期待される。
パフォーマンス重視、結果重視 (手順・文書化要求の削減、規範的な要求事項の削減を含む)	① パフォーマンス、結果重視 ・プロセスアプローチの採用により、プロセスパフォーマンスの達成が求められている。 ② 改善の強調 ・改善(箇条 10)の箇条が設けられ、従来の不適合の修正・防止、および品質マネジメントシステムの有効性の改善に加えて、製品・サービスの改善、品質マネジメントシステムのパフォーマンスの改善などが含まれた。 ③ 変更管理の強化 ・変更の計画(箇条 6.3)、運用の計画および管理(箇条 8.1)、変更の管理(箇条 8.5.6)など、変更管理の要求事項が追加された。 ④ 文書化要求の削減 ・品質マニュアルの作成および文書管理手順など 6 つの手順書の作成の要求事項はなくなった。 ⑤ アウトソース管理の明確化と強化 ・外部から提供されるプロセス・製品・サービスの管理(箇条 8.4)として、アウトソースも含まれることが明確になった。
サービス業への配慮	① 次のような用語の変更が行われ、サービス業にもわかりやすい表現になった。また用語の定義の見直しも行われた。 ・製品 → 製品・サービス(規格全般) ・作業環境 → プロセスの運用に関する環境(箇条 7.1.4) ・監視機器・測定機器の管理 → 監視・測定のための資源(箇条 7.1.5)など

図 1.22　ISO 9001：2015 の主な変更点(2/2)

1.4.2 IATF 16949 規格 2016 年版の概要

1.4.2.1 IATF 16949：2016 改訂の背景

ISO/TS 16949 規格の基本規格である ISO 9001 規格が改訂されたことに伴い、ISO/TS 16949 規格は、IATF 16949 規格として生まれ変わりました。

ISO/TS 16949：2009 規格から IATF 16949：2016 規格への改訂内容を分類すると次のようになります。

- 基本規格である ISO 9001 規格の変更
- 自動車産業の追加要求事項の変更

IATF 16949 では、そのまえがきにおいて、"IATF 16949：2016（第1版）は、以前の顧客固有要求事項を取り入れてまとめた、強い顧客志向を与えられた革新的文書を示している" と述べています。

すなわち、新しく発行された IATF 16949 規格は、自動車産業の顧客（OEM）全般の要求事項だけでなく、今までの顧客固有の要求事項（CSR）を取り入れた、顧客志向の強いセクター規格となりました。このことが、規格の名称が、ISO/TS 16949 から IATF 16949 に変わった理由の一つです。

また附属書 B が追加され、アメリカ、ドイツ、イタリア、フランスなどの各国の自動車産業で使われている、コアツールなどの各種技法が、参考文書として紹介されていることも、IATF 16949 規格の特徴の一つです。

1.4.2.2 IATF 16949：2016 の主な変更点

IATF 16949：2016 規格の新規要求項目を図 1.23 に示します。ISO 9001 の改訂を受けて、組織およびその状況の理解（4.1）、利害関係者のニーズおよび期待の理解（4.2）およびリスクおよび機会への取組み（6.1）が追加されました。

IATF 16949 固有の要求事項としては、多くの項目が新規に追加または内容が強化されています。主な追加・変更箇所を図 1.24 に、文書化したプロセス（手順書の作成）の要求箇所を図 1.25 に、IATF 16949 と ISO/TS 16949 の新旧対比表を図 1.26 に示します。また IATF 16949 では、顧客要求事項を図 1.27 (p.44) に示すように定義しています。

なお、IATF 16949：2016 規格改訂の詳細については、本書の第 4 章〜第 10 章を参照ください。

箇条番号	項目	箇条番号	項目
序文 0.3.3	リスクにもとづく考え方	8.3.2.3	組込みソフトウェアをもつ製品の開発
4.1	組織およびその状況の理解		
4.2	利害関係者のニーズおよび期待の理解	8.4.1.2	供給者選定プロセス
		8.4.2.3.1	自動車製品に関係するソフトウェアまたは組込みソフトウェアをもつ製品
4.3	品質マネジメントシステムの適用範囲の決定		
4.4.1.2	製品安全	8.4.2.4.1	第二者監査
5.1.1.1	企業責任	8.4.2.5	供給者の開発
5.1.1.3	プロセスオーナー	8.5.1.4	シャットダウン後の検証
6.1	リスクおよび機会への取組み	8.5.6.1.1	工程管理の一時的変更
6.1.2.1	リスク分析	8.7.1.5	修理製品の管理
7.1.6	組織の知識	8.7.1.7	不適合製品の廃棄
7.2.3	内部監査員の力量	10.2.5	補償管理システム
7.2.4	第二者監査員の力量	附属書 B	参考文献－自動車産業補足

・［区分］明朝体：ISO 9001 要求事項、ゴシック体：IATF 16949 要求事項

図 1.23　IATF 16949：2016（ISO 9001：2015）の主な新規要求項目

項目	内容
リスクへの対応	・ISO 9001 におけるリスクおよび機会への取組み（箇条 6.1）の要求事項の追加を受けて、IATF 16949 では、リスク管理に関して、下記を含む計約 30 カ所の要求事項において、リスク管理が求められている。 －リスク分析（6.1.2.1） －緊急事態対応計画（6.1.2.3）
品質保証の強化	・次のような品質保証の強化に関する要求事項が、新規に追加されている。 －製品安全（4.4.1.2） －企業責任（5.1.1.1） －修理製品の管理（8.7.1.5） －不適合製品の廃棄（8.7.1.7） －補償管理システム（10.2.5）

図 1.24　IATF 16949 の主な要求事項の追加・変更（1/2）

項　目	内　容
ソフトウェアの管理	・ソフトウェアに対する管理に関して、下記を含む計約10カ所の要求事項が追加されている。 　―組込みソフトウェアをもつ製品の開発(8.3.2.3) 　―自動車製品に関係するソフトウェアまたは組込みソフトウェアをもつ製品(8.4.2.3.1)
顧客固有要求事項	・顧客固有要求事項(4.3.2)という項目以外に、次のような多くの顧客指定の管理がある。 　―顧客スコアカード・顧客ポータルの使用(5.3.1) 　―顧客指定の特殊特性(8.2.3.1.2) 　―顧客指定の供給者(8.4.1.3) 　―顧客指定のレイアウト検査の頻度(8.6.2) 　―特別採用に対する顧客の正式許可(8.7.1.1) 　―顧客指定の不適合製品管理のプロセス(8.7.1.2) 　―顧客指定の製造工程監査の方法(9.2.2.3) 　―顧客指定の製品監査の方法(9.2.2.4) 　―顧客指定の問題解決方法(10.2.3)
変更管理	・次のような計20カ所余の要求事項において、工程管理・変更管理の重要性が強調されている。 　―変更の計画(6.3) 　―製品・サービスに関する要求事項の変更(8.2.4) 　―設計・開発の変更(8.3.6) 　―作業の段取り替え検証(8.5.1.3) 　―シャットダウン後の検証(8.5.1.4) 　―変更の管理(8.5.6) 　―工程管理の一時的変更(8.5.6.1.1)
供給者の管理	・次のような供給者の管理が追加・強化されている。 　―第二者監査員の力量(7.2.4) 　―供給者選定プロセス(8.4.1.2) 　―供給者の品質マネジメントシステム開発(8.4.2.3) 　―第二者監査(8.4.2.4.1) 　―供給者の開発(8.4.2.5) 　―サイト内供給者の管理(7.1.3.1、7.1.5.2.1)
文書化したプロセス	・文書化したプロセスの構築、すなわち手順書の作成が、計20カ所余で要求されている(図1.25参照)。

図1.24　IATF 16949の主な要求事項の追加・変更(2/2)

項番	文書化したプロセスの内容
4.4.1.2	・製品安全に関係する製品・製造工程の運用管理に対する文書化したプロセス
7.1.5.2.1	・校正・検証の記録を管理する文書化したプロセス
7.2.1	・製品・プロセス要求事項への適合に影響する活動に従事する要員の、教育訓練のニーズと達成すべき力量を明確にする文書化したプロセス
7.2.3	・顧客固有の要求事項を考慮に入れて、内部監査員が力量をもつことを検証する文書化したプロセス
7.3.2	・品質目標を達成し、継続的改善を行い、革新を促進する環境を創り出す、従業員を動機づける文書化したプロセス
7.5.3.2.2	・顧客の技術規格・仕様書および改訂に対して、顧客スケジュールにもとづいて、レビュー・配付・実施する文書化したプロセス
8.3.1.1	・設計・開発の文書化したプロセス
8.3.3.3	・特殊特性を特定する文書化したプロセス
8.4.1.2	・供給者選定の文書化したプロセス
8.4.2.1	・次のための文書化したプロセス： ―アウトソースしたプロセスを特定する。 ―外部提供製品・プロセス・サービスに対し、顧客の要求事項への適合を検証するための管理の方式と程度を選定する。
8.4.2.2	・購入製品・プロセス・サービスの、受入国・出荷国・仕向国の法令・規制要求事項に適合することを確実にする文書化したプロセス
8.4.2.4	・供給者のパフォーマンスを評価する文書化したプロセス
8.5.1.5	・文書化した TPM システム
8.5.6.1	・製品実現に影響する変更を管理・対応する文書化したプロセス
8.5.6.1.1	・代替管理方法の使用を運用管理する文書化したプロセス
8.7.1.4	・コントロールプランまたは関連する文書化した情報に従って、原仕様への適合を検証する、手直し確認の文書化したプロセス
8.7.1.5	・コントロールプランまたは関連する文書化した情報に従って、修理確認の文書化したプロセス
8.7.1.7	・手直しまたは修理できない不適合製品の廃棄に関する文書化したプロセス
9.2.2.1	・内部監査に関する文書化したプロセス
10.2.3	・問題解決の方法に関する文書化したプロセス
10.2.4	・ポカヨケ手法の活用を決定する文書化したプロセス
10.3.1	・継続的改善の文書化したプロセス

図 1.25　文書化したプロセスの要求事項

第Ⅰ部　IATF 16949 認証制度とプロセスアプローチ

IATF 16949：2016		ISO/TS 16949：2009		程度
	まえがきー自動車産業 QMS 規格		まえがき	△
	歴史		−	△
	到達目標	0.5	この TS の到達目標	△
	認証に対する注意点		認証に対する参考	△
	序文		序文	
0.1	一般	0.1	一般	△
0.2	品質マネジメントの原則	0.1	一般	○
0.3	プロセスアプローチ	0.2	プロセスアプローチ	−
0.3.1	一般	0.2	プロセスアプローチ	△
0.3.2	PDCA サイクル	0.2	プロセスアプローチ	△
0.3.3	リスクにもとづく考え方		−	◎
0.4	他のマネジメントシステム規格との関係	0.3	ISO 9004 との関係	△
		0.4	他のマネジメントシステムとの両立性	
1	適用範囲	1	適用範囲	△
1.1	適用範囲ー ISO 9001：2015 に対する自動車産業補足	1.1	一般	○
2	引用規格	2	引用規格	△
2.1	規定および参考の引用		まえがき	△
3	用語および定義	3	用語および定義	△
3.1	自動車産業の用語および定義	3.1	自動車業界の用語および定義	◎
4	組織の状況	4	品質マネジメントシステム	−
4.1	組織およびその状況の理解		−	◆
4.2	利害関係者のニーズおよび期待の理解		−	◆
4.3	品質マネジメントシステムの適用範囲の決定	1.1	一般	◆
		1.2	適用	
4.3.1	品質マネジメントシステムの適用範囲の決定ー補足		−	◆
4.3.2	顧客固有要求事項		−	◆
4.4	品質マネジメントシステムおよびそのプロセス	4	品質マネジメントシステム	−
4.4.1	（一般）	4.1	一般要求事項	○
4.4.1.1	製品およびプロセスの適合		−	◆
4.4.1.2	製品安全		−	◆
4.4.2	（文書化）	4.2.1	文書化に関する要求事項／一般	△
5	リーダーシップ	5	経営者の責任	−
5.1	リーダーシップおよびコミットメント	5.1	経営者のコミットメント	−
5.1.1	一般	5.1	経営者のコミットメント	○
5.1.1.1	企業責任		−	◆
5.1.1.2	プロセスの有効性および効率	5.1.1	プロセスの効率	△
5.1.1.3	プロセスオーナー		−	◆
5.1.2	顧客重視	5.2	顧客重視	○

［備考］
・［区分］明朝体：ISO 9001 要求事項、ゴシック体：IATF 16949 要求事項、（　）は筆者がつけた項目名
・［変更の程度］◆：新規追加、◎：大きな変更、○：中程度の変更、△：小さな変更またはほとんど変更なし

図 1.26　IATF 16949 と ISO/TS 16949 との新旧対比表（1/6）

IATF 16949：2016		ISO/TS 16949：2009		程度
5.2	方針	5.3	品質方針	－
5.2.1	品質方針の確立	5.3	品質方針	△
5.2.2	品質方針の伝達	5.3	品質方針	△
5.3	組織の役割、責任および権限	5.5.1	責任および権限	△
		5.5.2	管理責任者	△
5.3.1	組織の役割、責任および権限－補足	5.5.2.1	顧客要求への対応責任者	△
5.3.2	製品要求事項および是正処置に対する責任および権限	5.5.1.1	品質責任	△
6	計画	5.4	計画	－
6.1	リスクおよび機会への取組み	－		－
6.1.1	（リスクおよび機会の決定）	－		◆
6.1.2	（取組み計画の策定）	－		◆
6.1.2.1	リスク分析	－		◆
6.1.2.2	予防処置	8.5.3	予防処置	△
6.1.2.3	緊急事態対応計画	6.3.2	緊急事態対応計画	◎
6.2	品質目標およびそれを達成するための計画策定	5.4.1	品質目標	－
6.2.1	（品質目標の策定）	5.4.1	品質目標	○
6.2.2	（品質目標達成のための計画の策定）	5.4.2	品質マネジメントシステムの計画	○
6.2.2.1	品質目標およびそれを達成するための計画策定－補足	5.4.1.1	品質目標－補足	○
6.3	変更の計画	5.4.2	品質マネジメントシステムの計画	△
7	支援	6	資源の運用管理	－
7.1	資源	6.1	資源の提供	－
7.1.1	一般	6.1	資源の提供	△
7.1.2	人々	6.2	人的資源	△
7.1.3	インフラストラクチャ	6.3	インフラストラクチャ	△
7.1.3.1	工場、施設および設備の計画	6.3.1	工場、施設および設備の計画	○
7.1.4	プロセスの運用に関する環境	6.4	作業環境	△
	注記	6.4.1	製品要求事項への適合を達成するための要員の安全	△
7.1.4.1	プロセスの運用に関する環境－補足	6.4.2	事業所の清潔さ	△
7.1.5	監視および測定のための資源	7.6	監視機器および測定機器の管理	－
7.1.5.1	一般	7.6	監視機器および測定機器の管理	△
7.1.5.1.1	測定システム解析	7.6.1	測定システム解析	△
7.1.5.2	測定のトレーサビリティ	7.6	監視機器および測定機器の管理	△
	注記	7.6	監視機器および測定機器の管理	△
7.1.5.2.1	校正・検証の記録	7.6.2	校正／検証の記録	○
7.1.5.3	試験所要求事項	7.6.3	試験所要求事項	－
7.1.5.3.1	内部試験所	7.6.3.1	内部試験所	△
7.1.5.3.2	外部試験所	7.6.3.2	外部試験所	△
7.1.6	組織の知識	－		◆
7.2	力量	6.2.2	力量、教育・訓練および認識	△
7.2.1	力量－補足	6.2.2.2	教育・訓練	△

図 1.26　IATF 16949 と ISO/TS 16949 との新旧対比表（2/6）

	IATF 16949：2016		ISO/TS 16949：2009	程度
7.2.2	力量－業務を通じた教育訓練（OJT）	6.2.2.3	業務を通じた教育・訓練（OJT）	△
7.2.3	内部監査員の力量	8.2.2.5	内部監査員の適格性確認	◆
7.2.4	第二者監査員の力量		－	◆
7.3	認識	6.2.2	力量、教育・訓練および認識	△
7.3.1	認識－補足	6.2.2.4	従業員の動機付けおよびエンパワーメント	○
7.3.2	従業員の動機付けおよびエンパワーメント	6.2.2.4	従業員の動機付けおよびエンパワーメント	△
7.4	コミュニケーション	5.5.3	内部コミュニケーション	△
		7.2.3	顧客とのコミュニケーション	
7.5	文書化した情報	4.2	文書化に関する要求事項	－
7.5.1	一般	4.2.1	文書化に関する要求事項／一般	△
7.5.1.1	品質マネジメントシステムの文書類	4.2.2	品質マニュアル	△
7.5.2	作成および更新	4.2.3	文書管理	△
7.5.3	文書化した情報の管理	4.2	文書化に関する要求事項	－
7.5.3.1	（一般）	4.2.3	文書管理	△
7.5.3.2	（文書・記録の管理）	4.2.4	記録の管理	△
7.5.3.2.1	記録の保管	4.2.4.1	記録の保管	△
7.5.3.2.2	技術仕様書	4.2.3.1	技術仕様書	△
8	運用	7	製品実現	－
8.1	運用の計画および管理	7.1	製品実現の計画	○
8.1.1	運用の計画および管理－補足	7.1.1	製品実現の計画－補足	○
8.1.2	機密保持	7.1.3	機密保持	△
8.2	製品およびサービスに関する要求事項	7.2	顧客関連のプロセス	－
8.2.1	顧客とのコミュニケーション	7.2.3	顧客とのコミュニケーション	△
8.2.1.1	顧客とのコミュニケーション－補足	7.2.3.1	顧客とのコミュニケーション－補足	△
8.2.2	製品およびサービスに関する要求事項の明確化	7.2.1	製品に関連する要求事項の明確化	△
8.2.2.1	製品およびサービスに関する要求事項の明確化－補足	7.2.1	製品に関連する要求事項の明確化	△
8.2.3	製品およびサービスに関する要求事項のレビュー	7.2.2	製品に関連する要求事項のレビュー	
8.2.3.1	（一般）	7.2.2	製品に関連する要求事項のレビュー	△
8.2.3.1.1	製品およびサービスに関する要求事項のレビュー－補足	7.2.2.1	製品に関連する要求事項のレビュー－補足	△
8.2.3.1.2	顧客指定の特殊特性	7.2.1.1	顧客指定の特殊特性	△
8.2.3.1.3	組織の製造フィージビリティ	7.2.2.2	組織の製造フィージビリティ	○
8.2.3.2	（文書化）	7.2.2	製品に関連する要求事項のレビュー	△
8.2.4	製品およびサービスに関する要求事項の変更	7.2.2	製品に関連する要求事項のレビュー	△
8.3	製品およびサービスの設計・開発	7.3	設計・開発	－
8.3.1	一般	7.3.1	設計・開発の計画	○
8.3.1.1	製品およびサービスの設計・開発－補足	7.3	設計・開発（注記）	○
8.3.2	設計・開発の計画	7.3.1	設計・開発の計画	○

図 1.26　IATF 16949 と ISO/TS 16949 との新旧対比表（3/6）

IATF 16949:2016		ISO/TS 16949:2009		程度
8.3.2.1	設計・開発の計画ー補足	7.3.1.1	部門横断的アプローチ	○
8.3.2.2	製品設計の技能	6.2.2.1	製品設計の技能	△
8.3.2.3	組込みソフトウェアをもつ製品の開発	—		◆
8.3.3	設計・開発へのインプット	7.3.2	設計・開発へのインプット	△
8.3.3.1	製品設計へのインプット	7.3.2.1	製品設計へのインプット	○
8.3.3.2	製造工程設計へのインプット	7.3.2.2	製造工程設計へのインプット	○
8.3.3.3	特殊特性	7.3.2.3	特殊特性	○
8.3.4	設計・開発の管理	7.3.4	設計・開発のレビュー	△
		7.3.5	設計・開発の検証	
		7.3.6	設計・開発の妥当性確認	
8.3.4.1	監視	7.3.4.1	監視	△
8.3.4.2	設計・開発の妥当性確認	7.3.6.1	設計・開発の妥当性確認ー補足	△
8.3.4.3	試作プログラム	7.3.6.2	試作プログラム	△
8.3.4.4	製品承認プロセス	7.3.6.3	製品承認プロセス	△
8.3.5	設計・開発からのアウトプット	7.3.3	設計・開発からのアウトプット	△
8.3.5.1	製品設計からのアウトプット	7.3.3.1	製品設計からのアウトプットー補足	△
8.3.5.2	製造工程設計からのアウトプット	7.3.3.2	製造工程設計からのアウトプット	△
8.3.6	設計・開発の変更	7.3.7	設計・開発の変更管理	△
8.3.6.1	設計・開発の変更ー補足	7.3.7	設計・開発の変更管理	○
8.4	外部から提供されるプロセス、製品およびサービスの管理	7.4	購買	—
8.4.1	一般	7.4.1	購買プロセス	△
8.4.1.1	一般ー補足	—		△
8.4.1.2	供給者選定プロセス	—		◆
8.4.1.3	顧客指定の供給者（指定購買）	7.4.1.3	顧客に承認された供給者	△
8.4.2	管理の方式および程度	7.4.1	購買プロセス	△
		7.4.3	購買製品の検証	
8.4.2.1	管理の方式および程度ー補足	4.1	品質マネジメントシステム	○
		7.4.1	購買プロセス	
8.4.2.2	法令・規制要求事項	7.4.1.1	法令・規制への適合	○
8.4.2.3	供給者の品質マネジメントシステム開発	7.4.1.2	供給者の品質マネジメントシステムの開発	◎
8.4.2.3.1	自動車製品に関係するソフトウェアまたは組込みソフトウェアをもつ製品	—		◆
8.4.2.4	供給者の監視	7.4.3.2	供給者の監視	○
8.4.2.4.1	第二者監査	—		◆
8.4.2.5	供給者の開発	—		◆
8.4.3	外部提供者に対する情報	7.4.2	購買情報	△
8.4.3.1	外部提供者に対する情報ー補足	7.4.2	購買情報	○
8.5	製造およびサービス提供	7.5	製造およびサービス提供	—
8.5.1	製造およびサービス提供の管理	7.5.1	製造およびサービス提供の管理	○
	注記	6.3	インフラストラクチャ	△
8.5.1.1	コントロールプラン	7.5.1.1	コントロールプラン	○

図1.26　IATF 16949 と ISO/TS 16949 との新旧対比表(4/6)

IATF 16949：2016		ISO/TS 16949：2009		程度
8.5.1.2	標準作業－作業者指示書および目視標準	7.5.1.2	作業指示書	△
8.5.1.3	作業の段取り替え検証	7.5.1.3	作業の段取り替えの検証	○
8.5.1.4	シャットダウン後の検証	—		◆
8.5.1.5	TPM	7.5.1.4	予防保全および予知保全	○
8.5.1.6	生産治工具並びに製造、試験、検査の治工具および設備の運用管理	7.5.1.5	生産治工具の運用管理	△
8.5.1.7	生産計画	7.5.1.6	生産計画	△
8.5.2	識別およびトレーサビリティ	7.5.3	識別およびトレーサビリティ	△
	注記	7.5.3	識別およびトレーサビリティ（注記）	△
8.5.2.1	識別およびトレーサビリティ－補足	7.5.3	識別およびトレーサビリティ	○
8.5.3	顧客または外部提供者の所有物	7.5.4	顧客の所有物	△
8.5.4	保存	7.5.5	製品野保存	△
8.5.4.1	保存－補足	7.5.5.1	保管および在庫管理	△
8.5.5	引渡し後の活動	7.5.1	製造およびサービス提供の管理	○
8.5.5.1	サービスからの情報のフィードバック	7.5.1.7	サービスからの情報のフィードバック	△
8.5.5.2	顧客とのサービス契約	7.5.1.8	サービスに関する顧客との合意契約	○
8.5.6	変更の管理	7.1.4	変更管理	○
8.5.6.1	変更の管理－補足	7.1.4	変更管理	○
8.5.6.1.1	工程管理の一時的変更	—		◆
8.6	製品およびサービスのリリース	8.2.4	製品の監視および測定	△
8.6.1	製品およびサービスのリリース－補足	8.2.4	製品の監視および測定	△
8.6.2	レイアウト検査および機能試験	8.2.4.1	寸法検査および機能試験	△
8.6.3	外観品目	8.2.4.2	外観品目	△
8.6.4	外部から提供される製品およびサービスの検証および受入れ	7.4.3.1	要求事項への購買製品の適合	△
8.6.5	法令・規制への適合	7.4.1.1	法令・規制への適合	△
8.6.6	合否判定基準	7.1.2	合否判定基準	△
8.7	不適合なアウトプットの管理	8.3	不適合製品の管理	—
8.7.1	（一般）	8.3	不適合製品の管理	△
8.7.1.1	特別採用に対する顧客の正式許可	8.3.4	顧客の特別採用	○
8.7.1.2	不適合製品の管理－顧客規定のプロセス	8.3	不適合製品の管理	◆
8.7.1.3	疑わしい製品の管理	8.3.1	不適合製品の管理－補足	○
8.7.1.4	手直し製品の管理	8.3.2	手直し製品の管理	○
8.7.1.5	修理製品の管理	—		◆
8.7.1.6	顧客への通知	8.3.3	顧客への情報	△
8.7.1.7	不適合製品の廃棄	—		◆
8.7.2	（文書化）	8.3	不適合製品の管理	△
9	パフォーマンス評価	8	測定、分析および改善	—
9.1	監視、測定、分析および評価	8	測定、分析および改善	—
9.1.	一般	8.1	一般	○
9.1.1.1	製造工程の監視および測定	8.2.3.1	製造工程の監視および測定	△
9.1.1.2	統計的ツールの特定	8.1.1	統計的ツールの明確化	△

図1.26　IATF 16949とISO/TS 16949との新旧対比表（5/6）

第1章　IATF 16949認証制度と要求事項の概要

IATF 16949：2016		ISO/TS 16949：2009		程度
9.1.1.3	統計概念の適用	8.1.2	基本的統計概念の知識	△
9.1.2	顧客満足	8.2.1	顧客満足	△
9.1.2.1	顧客満足―補足	8.2.1.1	顧客満足―補足	△
9.1.3	分析および評価	8.4	データの分析	○
9.1.3.1	優先順位付け	8.4.1	データの分析および使用	△
9.2	内部監査	8.2.2	内部監査	―
9.2.1	（内部監査の目的）	8.2.2	内部監査	△
9.2.2.	（内部監査の実施）	8.2.2	内部監査	△
9.2.2.1	内部監査プログラム	8.2.2.4	内部監査の計画	◎
9.2.2.2	品質マネジメントシステム監査	8.2.2.1	品質マネジメントシステム監査	○
9.2.2.3	製造工程監査	8.2.2.2	製造工程監査	○
9.2.2.4	製品監査	8.2.2.3	製品監査	△
9.3	マネジメントレビュー	5.6	マネジメントレビュー	―
9.3.1	一般	5.6.1	一般	△
9.3.1.1	マネジメントレビュー―補足	5.6.1	一般	△
9.3.2	マネジメントレビューへのインプット	5.6.2	マネジメントレビューへのインプット	○
9.3.2.1	マネジメントレビューへのインプット―補足	5.6.1.1	品質マネジメントシステムの成果を含む実施状況	○
		5.6.2.1	マネジメントレビューへのインプット―補足	
9.3.3	マネジメントレビューからのアウトプット	5.6.3	マネジメントレビューからのアウトプット	△
9.3.3.1	マネジメントレビューからのアウトプット―補足		―	△
10	改善	8.5	改善	―
10.1	一般	8.5.1	継続的改善	○
10.2	不適合および是正処置	8.3	不適合製品の管理	―
		8.5.2	是正処置	
10.2.1	（一般）	8.3	不適合製品の管理	△
		8.5.2	是正処置	
		8.5.2.3	是正処置の水平展開	
10.2.2	（文書化）	8.3	不適合製品の管理	△
		8.5.2	是正処置	
10.2.3	問題解決	8.5.2.1	問題解決	○
10.2.4	ポカヨケ	8.5.2.2	ポカヨケ	○
10.2.5	補償管理システム		―	◆
10.2.6	顧客苦情および市揚不具合の試験・分析	8.5.2.4	受入拒絶製品の試験／分析	○
10.3	継続的改善	8.5.1	継続的改善	△
10.3.1	継続的改善―補足	8.5.1.1	組織の継続的改善	○
		8.5.1.2	製造工程改善	
附属書A	コントロールプラン	附属書A	コントロールプラン	△
附属書B	参考文献―自動車産業補足		―	◎

図1.26　IATF 16949とISO/TS 16949との新旧対比表(6/6)

項　目	実施事項
顧客要求事項(customer requirements)	① 顧客に規定されたすべての要求事項(例　技術、商流、製品及び製造工程に関係する要求事項、一般の契約条件、顧客固有要求事項など) ② <u>被審査組織が自動車メーカー(子会社、合弁会社を含む)の場合は、関連する顧客は、自動車メーカー(子会社、合弁会社を含む)によって規定される。</u>

[備考]　②の下線を引いた箇所は、2017年10月に発行されたIATF 16949の公式解釈（sanctioned interpretations、SI）の内容を示す。

図1.27　顧客要求事項

第2章 自動車産業のプロセスアプローチ

　本章では、IATF 16949で求められている、自動車産業のプロセスアプローチについて説明します。

　この章の項目は、次のようになります。

- 2.1 　　プロセスアプローチ
- 2.1.1 　プロセスとは
- 2.1.2 　品質マネジメントシステムとプロセス
- 2.1.3 　リスクにもとづく考え方
- 2.1.4 　プロセスアプローチ
- 2.2 　　自動車産業のプロセスアプローチ
- 2.2.1 　IATF 16949のプロセス
- 2.2.2 　プロセスと要求事項
- 2.2.3 　タートル図(プロセス分析図)
- 2.2.4 　自動車産業のプロセスのタートル図

2.1 プロセスアプローチ

2.1.1 プロセスとは

IATF 16949 規格の基本について述べている ISO 9000 規格では、プロセス(process)について次のように述べています(図 2.1 参照)。

① プロセスとは、資源を使って、インプット(input)を使用して意図した結果を生み出す一連の活動である。プロセスの意図した結果は、アウトプット(output)、製品またはサービスと呼ばれる。

② プロセスのアウトプットは、次のプロセスのインプットとなる。各プロセスは、お互いに関連している。

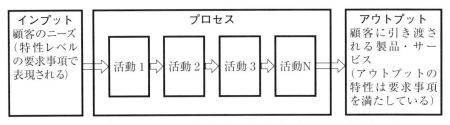

図 2.1　プロセスはインプットをアウトプットに変換する活動

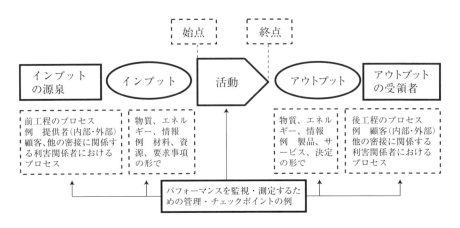

図 2.2　単一プロセスの要素の図示

第 2 章　自動車産業のプロセスアプローチ

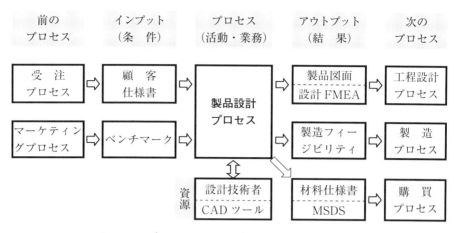

図 2.3　プロセスのインプットとアウトプット

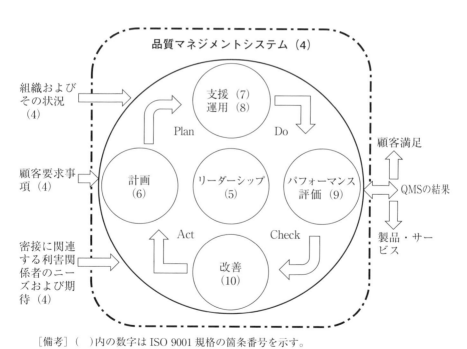

［備考］（　）内の数字は ISO 9001 規格の箇条番号を示す。

図 2.4　PDCA サイクルを使った、ISO 9001 規格の構造の説明

すなわち、組織内の各活動がそれぞれプロセスということになります。

IATF 16949 規格の基本規格である ISO 9001 規格では、プロセスの要素について、図 2.2 のように示しています。また、製品設計プロセスのインプットとアウトプットの例を図 2.3 に示します。

2.1.2　品質マネジメントシステムとプロセス

図 2.4 は、ISO 9001 規格の構造を示しています。中央の大きな円が、組織の品質マネジメントシステムを示しています。この図のリーダーシップ（箇条 5）、計画（箇条 6）、支援（箇条 7）、運用（箇条 8）、パフォーマンス評価（箇条 9）および改善（箇条 10）は、PDCA（Plan 計画 − Do 実行 − Check 検証 − Act 改善）の改善サイクルで構成されていることを示しています。この図は、組織の品質マネジメントシステムのインプットは、組織およびその状況と、利害関係者のニーズおよび期待にもとづいた顧客要求事項（箇条 4）であり、アウトプットは、品質マネジメントシステムの結果としての製品・サービスと顧客の満足であることを示しています。

一般的には、プロセスのインプットは材料で、プロセスのアウトプットは製品といわれていますが、上記のように、プロセスのインプットには顧客の要求があり、プロセスのアウトプットには顧客満足があるという考え方が、顧客満足を目的とする IATF 16949（ISO 9001）の特徴です。

ステップ	実施事項
Plan（計画）	・システムとそのプロセスの目標を設定する。 ・必要な資源を準備する。 ・リスクおよび機会を特定する。
Do（実行）	・計画したことを実行する。
Check（監視・測定）	・プロセスとその結果としての製品・サービスを監視・測定する。
Act（改善）	・パフォーマンスを改善するための処置をとる。

図 2.5　プロセスの PDCA

プロセスの PDCA サイクルとは、図 2.5 に示すことをいいます。計画（plan）は、リスクを考慮することが必要です。また改善（act）は、パフォーマンス（プロセスの結果）を改善することになります。

なおプロセスは、部門名や要求事項と混同されることがあり、注意が必要です。プロセスの名称が部門名と同じ場合もありますが、一般的には、組織の部門や機能はプロセスではありません。プロセスは通常、複数の部門をまたがっており、また 1 つの部門の中に複数のプロセスが存在することがあります。

規格の条項もプロセスではありません。要求事項はプロセスで満たされます。まず組織のプロセスを明確にし、次にプロセスに要求事項を適用することが必要です。また、手順に関する要求事項もプロセスに関する要求事項とは異なります。手順とは、一般的にプロセスを満たす方法のことであり、ある手順は 1 つのプロセスで、あるいは複数のプロセスで使われる場合があります。

2.1.3　リスクにもとづく考え方

(1)　リスクにもとづく考え方

IATF 16949（ISO 9001）規格では、リスクにもとづく考え方について、次のように述べています。

① ISO 9001 規格の要求事項に適合するために、リスクおよび機会への取組みを計画し、実施する。

② リスクおよび機会の双方への取組みによって、次のための基礎を確立できる。
　・品質マネジメントシステムの有効性の向上
　・改善された結果の達成
　・好ましくない影響の防止

③ 機会（opportunity）とは、意図した結果を達成するための、好ましい状況をいう。例えば、
　・顧客の引きつけ
　・新たな製品・サービスの開発
　・無駄の削減
　・生産性の向上

④ リスク(risk)とは、
- 不確かさの影響をいう。
- 不確かさは、好ましい影響または好ましくない影響の両方をもち得る。
- リスクから生じる、好ましい方向へのかい(乖)離は、機会を提供し得る。

(2) リスクを考慮したプロセスアプローチ

IATF 16949(ISO 9001)規格では、リスクにもとづく考え方を採用したプロセスアプローチ(process approach)について、次のように述べています。
① ISO 9001 規格は、次の2つを取り入れたプロセスアプローチを採用している。
- PDCA(Plan-Do-Check-Act)サイクル
- リスクにもとづく考え方
② リスクにもとづく考え方を採用することによって、次のことができる。
- 自らのプロセスおよび品質マネジメントシステムが、計画した結果から乖離(かいり)する可能性のある要因を明確にする。
- 好ましくない影響を最小限に抑えるための、予防的管理を実施する。
- 機会が生じたときに、それを最大限に利用する。

また IATF 16949(ISO 9001)規格では、プロセスアプローチについて、次のように述べています。
① ISO 9001 の目的は、顧客要求事項を満たすことによる、顧客満足の向上である。そのために、品質マネジメントシステムを構築し、実施し、その有効性を改善する。品質マネジメントシステムの有効性改善のために、プロセスアプローチを採用する。プロセスアプローチに不可欠な要求事項を箇条4.4に規定している。
② プロセスとそのつながりを理解し、マネジメントすることによって、有効的かつ効率的に意図した結果を達成するのに役立つ。プロセスアプローチによって、組織のパフォーマンスを向上させることができる。
③ PDCA サイクルを、機会の利用および望ましくない結果の防止を目指す、リスクにもとづく考え方に全体的な焦点を当てることによって、プロセスとシステム全体をマネジメントすることができる。

上記①に述べているように、プロセスアプローチとは箇条 4.4 に規定されていることが明確になりました。すなわち、組織の各プロセスを PDCA 改善サイクルで運用することがプロセスアプローチと考えることができます。

有効性（effectiveness）とは、ISO 9000 では、"計画した活動が実行され、計画した結果が達成された程度" と定義しています。すなわち、有効性とは、組織が決めた目標や計画を達成した程度のことです。

ISO 9001 が品質マネジメントシステムの有効性の改善を目的としているのに対して、IATF 16949 では、有効性と効率の両方の改善を目的としています。効率（efficiency）とは、投入した資源（設備・要員・資金）に対する結果の程度を表します。適合性、有効性および効率を式で表すと下記のようになり、またそれらの関係を図示すると、図 2.6 のようになります。

$$適合性 = \frac{実施状況}{要求事項} = 要求事項に対する適合の程度$$

$$有効性 = \frac{結果・成果（アウトプット）}{計画・目標（インプット）} = 目標・計画の達成度$$

$$効 率 = \frac{結果・成果}{資 源} = 投入資源に対する成果$$

有効性および効率の指標としては、次のようなものがあります。有効性指標は顧客に直接影響のある指標、効率指標は社内指標と考えることもできます。
・有効性：工程能力指数、流出不良率、納期達成率、クレーム件数など
・効率：設備稼働率、不良率、歩留り、品質ロスコスト、設計変更回数など

2.1.4　プロセスアプローチ

2.1.3 項で述べたように、IATF 16949（ISO 9001）規格では、プロセスアプローチについて、"プロセスアプローチに不可欠な要求事項を箇条 4.4 に規定している" と述べています。箇条 4.4 では、品質マネジメントシステムとそのプロセスに関して、本書の 4.4 節の a）〜 h）に示す事項を実施することを求めています（図 4.7、p.93 参照）。

これらのa)～h)を図示すると図2.7のようなPDCAの改善サイクル(管理サイクル)の図として表すことができます。

またこれらを図示すると、図2.8に示すようなプロセス分析図(タートル図)として表すことができます。

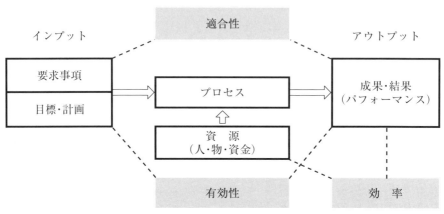

図2.6　適合性、有効性および効率

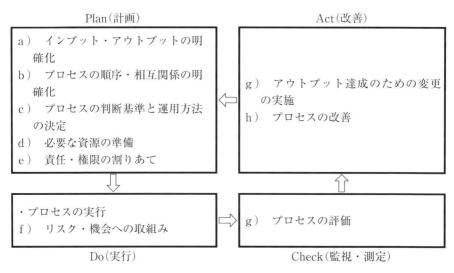

［備考］a)～h)はIATF 16949(ISO 9001)規格(箇条4.4)の項目を示す。

図2.7　プロセスアプローチにおけるPDCA改善サイクル

第 2 章　自動車産業のプロセスアプローチ

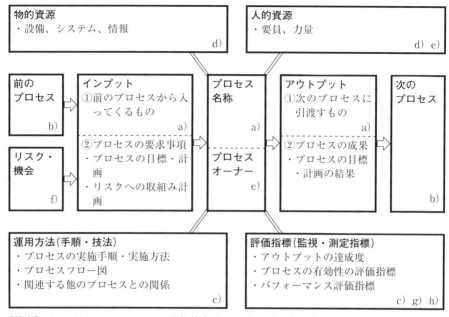

［備考］a)～h)は ISO 9001：2015 規格箇条 4.4 の a)～h)項を表す。

図 2.8　プロセス分析図（タートル図）（例）

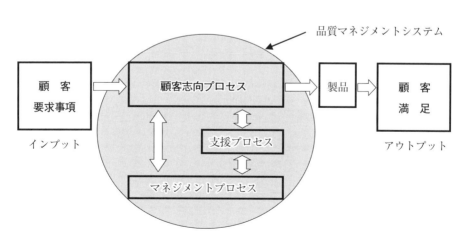

図 2.9　自動車産業の品質マネジメントシステムのプロセス

2.2 自動車産業のプロセスアプローチ

2.2.1 IATF 16949 のプロセス

2.1.4 項に述べたように、IATF 16949 では、品質マネジメントシステムをプロセスアプローチによって運用管理することを求めており、このことは基本的に ISO 9001 と同じです。

IATF 16949 では、品質マネジメントシステムのプロセスを、顧客志向プロセス(COP、customer oriented process)、支援プロセス(SP、support process)およびマネジメントプロセス(MP、management process)の 3 つに分類しています。

顧客志向プロセスは、顧客から直接インプットがあり、顧客に直接アウトプットする、顧客満足のために顧客とのつながりが強いプロセスです。そして支援プロセスは、顧客志向プロセスを支援するプロセス、マネジメントプロセスは、品質マネジメントシステム全体を管理するプロセスです(図 2.9、図 2.10 参照)。

IATF 16949 ではこれらの 3 種類のプロセスのうち、特に顧客志向プロセス(COP)を重視しています。顧客志向プロセスについて、組織を中心、顧客を外側に図示すると図 2.11 のようになります。この図は、蛸のような形をしていることから、オクトパス図(octopus model)と呼ばれています。

プロセス	内　容
顧客志向プロセス	・顧客のために直接作用する。 ・付加価値を作り出し、顧客満足を得ることを焦点とする。
支援プロセス	・他のプロセスが機能するように、次の支援を行う。 －必要な資源を提供する。 －リスク管理に貢献する。
マネジメントプロセス	・目標設定、目標達成のための改善活動の計画、およびデータの分析を行うことによって、各プロセスの継続的改善を確実にする。 ・すべてのプロセスと相互に作用しあう。

図 2.10　顧客志向プロセス、支援プロセスおよびマネジメントプロセス

第2章　自動車産業のプロセスアプローチ

　品質マネジメントシステムのプロセスは、組織自身が決めることが必要です。顧客志向プロセスには、マーケティングプロセス、受注プロセス、製品の設計・開発プロセス、製造工程の設計・開発プロセス、製造プロセス、製品の検査プロセス、製品の引渡しプロセス、および顧客からのフィードバックプロセスなどが考えられます。

　顧客志向プロセスを支援する支援プロセスには、例えば、購買プロセス、生産管理プロセス、設備保全プロセス、測定器管理プロセス、教育・訓練プロセス、および文書管理プロセスなどが、またマネジメントプロセスには、例えば、方針展開プロセス、資源の提供プロセス、内部監査プロセス、顧客満足プロセス、法規制管理プロセス、および継続的改善プロセスなどが考えられます。これらの各プロセスのつながりを図示すると、図2.12のプロセス関連図(プロセスマップ)のようになります。

　IATF 16949(ISO 9001)規格(箇条4.4)では、"各プロセスの順序と相互関係を明確にする"こと、およびプロセスの順序と相互関係を明確にするために、プロセスマップ(プロセスマッピング、process mapping)を作成することを述べています。

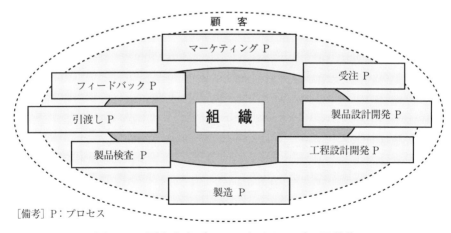

図2.11　顧客志向プロセスとオクトパス図(例)

2.2.2 プロセスと要求事項

IATF 16949(ISO 9001)規格(箇条4.4)では、"組織は、品質マネジメントシステムに必要なプロセスおよびそれらの組織への適用を明確にしなければならない"と述べています。

品質マネジメントシステムのプロセスと関連部門との関係の例を図2.13に、プロセスとIATF 16949規格要求事項との関係の例を図2.14に示します。

2.2.3 タートル図(プロセス分析図)

IATF 16949(ISO 9001)(箇条4.4)では、基本的な要求事項として、本書の2.1.4項のa)～h)に述べたように、プロセスアプローチによって品質マネジメントシステムを確立して運用することを求めています。図2.8(p.53)を少し簡単に表すと図2.15のようになります。

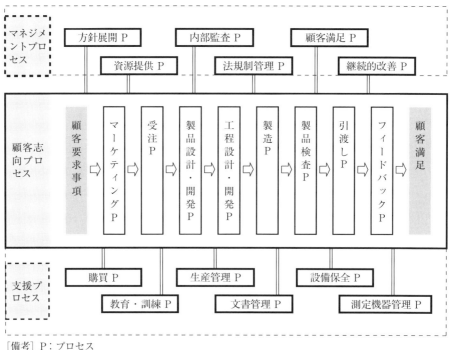

[備考] P：プロセス

図2.12　品質マネジメントシステムのプロセス関連図(プロセスマップ)

この図は、亀のような形をしていることから、タートル図（タートルチャート、turtle chart、turtle model）と呼ばれています。

タートル図は、プロセス名称とプロセスオーナー、インプット、アウトプット、プロセスの運用のための物的資源（設備・システム・情報）、人的資源（要員・力量）、プロセスの運用方法（手順・技法）、およびプロセスの評価指標（監視・測定項目と目標値）の各要素で構成されています（図 2.15 参照）。

タートル図の要素であるプロセスの評価指標は、次のように述べることができます。

① プロセスのアウトプウトの達成度、プロセスの有効性の評価指標およびパフォーマンス評価指標などを記載する。

② プロセスの評価指標は、プロセスが有効であったかどうか、またはパフォーマンスの改善に寄与しているかどうかを示すもので、このプロセスの評価指標は、主要プロセス指標（KPI、key process index）として知られている。

プロセス／部門	顧客志向Ｐ								支援Ｐ				マネジメントＰ			
	マーケティングＰ	受注Ｐ	製品設計・開発Ｐ	工程設計・開発Ｐ	製造Ｐ	製品検査Ｐ	引渡しＰ	フィードバックＰ	購買Ｐ	教育・訓練Ｐ	…	測定機器管理Ｐ	方針展開Ｐ	内部監査Ｐ	…	顧客満足Ｐ
経営者	○	○	○	○	○	○	○	○	○	○			◎	○		○
管理責任者	○	○	○	○	○	○	○	○	○	○		○	○	◎		○
営業部	◎	◎	○	○	○	○	○	○		○			○	○		◎
設計部	○	○	◎	○	○	○		○	○	○		○	○	○		○
資材部			○	○	○	○	○		◎	○			○	○		
⋮																
生産技術部		○	○	◎	○	○			○	○		○	○	○		
生産管理部		○			◎	○	○		○	○			○	○		
製造部		○	○	○	◎	○	○	○	○	○		○	○	○		○
品質保証部		○	○	○	○	◎	○	○	○	○		○	○	○		○
総務部										◎			○	○		
物流センター		○			○	○	◎	○		○			○	○		○

［備考］Ｐ：プロセス、◎：主管部門、○：関係部門

図 2.13　プロセスオーナー表（プロセス－部門関連図）

③ IATF 16949 では、ISO 9001 とは少し異なり、製品の特性や品質以外に、コスト、生産性、納期などのパフォーマンス項目が含まれる。

タートル図作成の手順を図 2.16 に示します。タートル図は、プロセスアプローチ監査で有効なツールとなります。その具体的な方法については、第 3 章で説明します。タートル図の各要素はまた、図 2.17 に示すようなプロセスフロー図形式で表すこともできます。

要求事項 / プロセス	顧客志向P								支援P			マネジメントP		
	マーケティングP	受注P	製品設計・開発P	工程設計・開発P	製造P	製品検査P	引渡しP	フィードバックP	購買P	教育・訓練P	…	測定機器管理P	方針管理P	内部監査P	…	顧客満足P
4 組織の状況																
4.1 組織・その状況の理解	○	○	○	○	○	○	○	○	○	○		○	◎	○		○
4.2 利害関係者のニーズ・期待	○	○	○	○	○	○	○	○	○	○		○	○	○		◎
4.3 QMSの適用範囲の決定			○	○	○	○							◎			
4.4 QMSとそのプロセス	○	○	○	○	○	○	○	○	○	○		○	◎	○		○
5 リーダーシップ																
5.1 リーダーシップ	○	○	○	○	○	○	○	○	○	○		○	◎	○		○
5.2 方針													◎			
5.3 組織の役割・責任・権限	○	○	○	○	○	○	○	○	○	○		○	◎	○		○
:																
8 運用																
8.1 運用の計画・管理	○	◎	○	○	○	○	○	○	○				○	○		○
8.2 製品・サービス要求事項	◎	○	○				○	○					○			○
8.3 製品・サービスの設計・開発			◎	○								○	○			
8.4 外部提供プロセス・製品管理									◎			○	○			
8.5 製造・サービス提供			○	◎	○	○	○		○			○	○			
8.6 製品・サービスのリリース		○			○	◎	○					○	○			
8.7 不適合アウトプットの管理					○	◎						○	○			
:																
10 改善																
10.1 一般			○	○	○	○	○	○	○	○		○	○	○		○
10.2 不適合および是正処置			○	○	○	◎	○	○	○			○	○	○		○
10.3 継続的改善	○	○	○	○	○	○	○	○	○	○		○	◎	○		○
顧客固有の要求事項		○	◎	○	○	○	○	○	○	○		○	○	○		○

［備考］ P：プロセス、◎：主管部門、○：関係部門

図 2.14 プロセス-要求事項関連図

2.2.4　自動車産業のプロセスのタートル図

製造プロセスのタートル図の例を図 2.18 に示します。

また、図 5.6（p.102）に示すようなプロセスの各ステップの評価指標を記載したプロセスフロー図、または図 2.17（p.60）に示すような様式を用いたプロセスフロー図を事前に作成しておくと、タートル図の作成を容易にすることができます。

その他のプロセスのタートル図については、拙著『図解 ISO/TS 16949 よくわかる自動車業界のプロセスアプローチと内部監査』を参照ください。

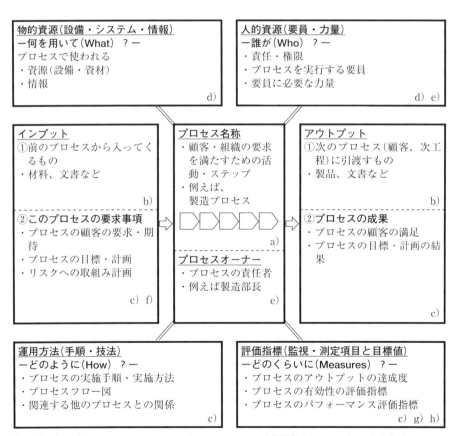

［備考］a)～h)は IATF 16949：2016（ISO 9001：2015）規格箇条 4.4 の a)～h)を表す。

図 2.15　タートル図

ステップ	実施事項
ステップ1	・成果物およびアウトプットを明確にする。
ステップ2	・アウトプットに対応するインプットおよび結果達成に必要な情報を明確にする。
ステップ3	・アウトプットに必要な装置を明確にする。
ステップ4	・アウトプット要求事項が満たされていることを確実にするためには誰が必要かを明確にする。
ステップ5	・要求されているアウトプットが満たされていることを確実にするために必要なシステムを明確にする。
ステップ6	・結果が達成されていることを確実にするために用いられる指標、そして逸脱している場合になすべきことを明確にする。

図 2.16　タートル図作成の手順

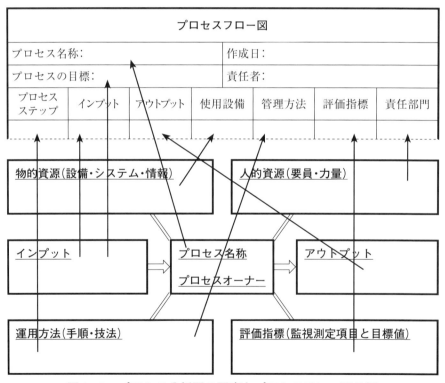

図 2.17　プロセス分析図の要素とプロセスフロー図の例

第 2 章　自動車産業のプロセスアプローチ

物的資源(設備・システム・情報)	人的資源(要員・力量)
・製造設備 ・監視機器 ・生産管理システム、出荷管理システム ・資材発注システム、在庫管理システム ・試験所 ・製造場所・作業環境の管理	・資格認定作業者 ・生産管理担当者 ・要員の力量 　－製造設備使用者 　－特殊工程作業者 　－SPC技法(工程能力、管理図)

インプット	プロセス名称	アウトプット
①前のプロセスから ・材料・部品 ・製造仕様書 ・加工図面、組立図面 ・設備保全計画 ・工程特殊特性 ・工程FMEA ②このプロセスの要求事項 ・顧客要求事項 ・生産計画 ・製造コスト計画	製造プロセス プロセスオーナー 製造部長	①次のプロセスへ ・完成品 ・生産実績記録 ・加工・組立作業記録 ・設備保全記録 ・工程の出来事の記録 ②プロセスの成果 ・顧客要求事項の結果 ・生産実績 ・製造コスト実績 ・生産性実績

運用方法(手順・技法)	評価指標(監視・測定項目と目標値)
・製造工程フロー図 ・コントロールプラン ・作業指示書 ・生産管理規定、製造管理規定 ・設備の予防保全・予知保全規定 ・段取り検証規定、治工具管理規定 ・監視機器、測定機器管理規定 ・識別・取扱い・包装・保管・保護規定 ・検査基準書 ・加工作業標準、組立作業標準 ・包装・梱包作業標準 ・出荷管理規定 ・設備保全規定	・プロセスの各アウトプットの達成度 ・不良品質コスト、生産歩留率 ・工程能力指数(製品特性、工程パラメータ) ・機械チョコ停時間、直行率 ・段取り替え、金型変更回数 ・生産進捗予定達成率 ・生産リードタイム ・納期達成率、特別輸送費、在庫回転率 ・顧客の返品数、特別採用件数 ・製造コスト ・設備稼働率 ・不安定・能力不足に対する処置

図 2.18　製造プロセスのタートル図(例)

第3章 プロセスアプローチ内部監査

　本章では、内部監査プログラム、プロセスアプローチ内部監査、および内部監査員の力量について説明します。

　なお、内部監査プログラムの詳細については、マネジメントシステム監査のための指針 ISO 19011 規格を参照ください。

　この章の項目は、次のようになります。

- 3.1 　　監査プログラム
- 3.1.1 　内部監査プログラム
- 3.1.2 　内部監査の実施
- 3.2 　　プロセスアプローチ内部監査
- 3.2.1 　適合性の監査と有効性の監査
- 3.2.2 　自動車産業のプロセスアプローチ監査の手順
- 3.3 　　内部監査員の力量
- 3.3.1 　品質マネジメントシステム監査員の力量
- 3.3.2 　IATF 16949の内部監査員の力量

3.1 監査プログラム

3.1.1 内部監査プログラム

　IATF 16949(ISO 9001)規格(箇条9.2.2)では、内部監査に関して監査プログラムを作成すること、そして内部監査についての詳細は、マネジメントシステム監査のための指針 ISO 19011 規格を参照することを述べています。

　ISO 19011 規格で述べている監査プログラムのフローを図3.1に示します。監査プログラムのフローの各ステップが、PDCA改善サイクルに対応しています。監査プログラムに含める項目は ISO 19011 規格に規定されています。「内部監査プログラム」の例を図3.2に示します。

　図3.1からわかるように、内部監査プログラムのフローにおける監査プログラムの実施(ISO 19011 規格箇条5.4)に対応する機能として、監査員の力量・評価(箇条7)とともに監査の実施(箇条6)があります。これは監査の実施手順に相当します。監査の実施のフロー、すなわち監査の詳細については、本書の3.1.2項で説明します。

　図3.1の監査プログラムのフローを見ると、監査プログラムの実施(箇条5.4)の後に、監査プログラムの監視(箇条5.5)と監査プログラムのレビュー・改善(箇条5.6)があります。監査プログラムの監視・レビュー・改善の目的は下記のためです。

a) 内部監査プログラムの目的が達成されたかどうかの評価
b) 内部監査プログラムに対する是正処置の必要性の評価
c) 品質マネジメントシステムの改善の機会の明確化

　例えば次のような場合は、内部監査が有効でなかったことになります。

a) 監査所見は、"決めたとおりに仕事を行っていない"というような適合性に関するものばかりである。
b) 不適合事項に対して適切な是正処置がとられていない。
c) 顧客クレームが多いにもかかわらず、内部監査での所見がない。

　この監査プログラムの監視・レビュー・改善は、いわゆる監査のフォローアップとは異なります。この違いを理解することが必要です。

3.1.2 内部監査の実施

ISO 19011 規格箇条 6 で述べている、内部監査の実施のフローを図 3.3 に示します。監査の開始、監査活動の準備、監査活動の実施、監査報告書の作成・配付、監査の完了、および監査のフォローアップの実施のそれぞれのステップからなります。これらの各ステップの詳細については、ISO 19011 規格を参照ください。

(1) 内部監査の計画

内部監査計画は、内部監査プログラムにもとづいた、個々の内部監査の計画です。内部監査計画に含める項目は、ISO 19011 規格に規定されています。「内部監査計画書」の例を図 3.4 に示します。

内部監査プログラムと内部監査計画は異なります。これらの違いについて理解することが必要です(図 3.1 ～図 3.4 参照)。

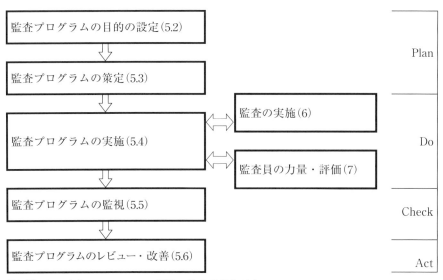

［備考］（　）内は、ISO 19011 規格の箇条番号を示す。

図 3.1　監査プログラムのフロー

内部監査プログラム			
対象期間	20xx年度～20xx年度(3年間)	発行日	20xx年xx月xx日
		作成者	管理責任者　○○○○

内部監査の種類・目的・範囲・方法・サンプリング・基準

監査種類	■品質マネジメントシステム監査　　■製造工程監査　　■製品監査	
監査目的	・IATF 16949 規格要求事項への適合性および有効性の確認 ・顧客要求事項への適合性の確認 ・前回内部監査結果のフォロー	
監査範囲	・全COP、全SP、および全MP ・全部門 ・監査対象顧客：全顧客	・全製品 ・全製造工程 ・全勤務シフト(引継ぎを含む)
監査方法	・プロセスアプローチ監査	・製品監査：顧客指定の監査方式
サンプリング	下記の年度ごとのサンプリングは、各年度の監査計画策定時に決定する。 ・監査員、対象顧客、対象製品、対象勤務シフト(引継ぎを含む)	
監査基準	・IATF 16949:2016 規格 ・顧客固有の要求事項 ・関連法規制	・品質マニュアル ・各製品のコントロールプラン ・各製品の製品規格および検査規格

内部監査年間スケジュール

ステップ	項　目	4	5	6	7	8	9	10	11	12	1	2	3	実施日
品質目標設定・プロセスの運用	年度品質目標設定	○												
	プロセス評価指標設定	○												
	プロセス評価指標監視	○	○	○	○	○	○	○	○	○	○	○	○	
	品質目標達成度評価			○			○			○			○	
監査実施	年度内部監査計画作成			○										
	内部監査員力量評価		○											
	内部監査実施				○									
	内部監査のフォローアップ					○								
監視・レビュー	内部監査員力量再評価						○							
	内部監査結果レビュー						○							
改善	マネジメントレビュー*							○						
備考	＊：マネジメントレビューにおいて、内部監査プログラムの有効性を評価													

［備考］COP：顧客志向プロセス、SP：支援プロセス、MP：マネジメントプロセス

図 3.2　内部監査プログラム(例)

第3章 プロセスアプローチ内部監査

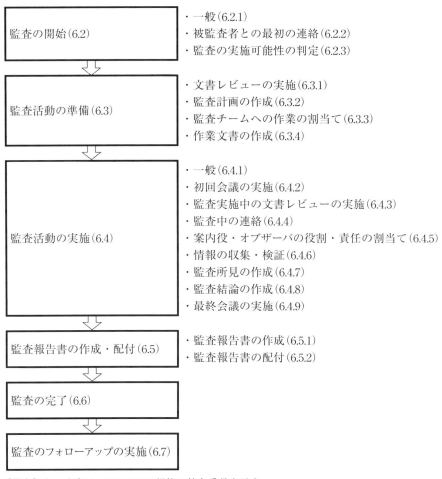

［備考］（　）内は、ISO 19011規格の箇条番号を示す。

図3.3　監査の実施のフロー

（2）　監査所見、監査結論および監査報告書

　監査で見つかったことを監査所見（audit findings）といいます。監査所見は、監査基準に対して適合（conformity）または不適合（nonconformity）のいずれかを判定します。不適合が検出された場合は、「不適合報告書」（NCR、nonconformity report）を発行します。不適合の内容については、被監査部門の了解を得るようにします。

内部監査計画書				
対象年度	20xx 年度	発行日	20xx 年 xx 月 xx 日	
		作成者	○○○○	
監査の名称	20xx 年度定期内部監査			
監査プログラム	内部監査プログラム XXXX			
監査の種類	■品質マネジメントシステム監査　　　■製造工程監査　　　■製品監査			
監査実施日	20xx 年 xx 月 xx 日～ xx 月 xx 日			
監査の目的	IATF 16949 要求事項への適合性および有効性の確認			
監査の範囲	・全 COP、全 SP、および全 MP　　　・全製品 ・全部門　　　・全製造工程 ・監査対象顧客：A 社、B 社　　　・全勤務シフト 1、2（引継ぎを含む）			
監査の方法	・プロセスアプローチ監査　　　・製品監査：顧客指定の監査方式			
監査の基準	・IATF 16949：2016 規格　　　・品質マニュアル ・顧客固有の要求事項　　　・各製品のコントロールプラン ・関連法規制　　　・各製品の製品規格および検査規格			
監査チーム	チーム 1	監査員 A（監査チームリーダー）、監査員 B		
	チーム 2	監査員 C（サブチームリーダー）、監査員 D		

月日	時間	チーム 1	チーム 2
xx 月 xx 日	9:00～9:30	初回会議（経営者、各プロセスオーナー）	
	9:30～10:00	前回内部監査結果のフォロー（管理責任者他）	
	10:00～11:00	方針展開 P（経営者他）	マーケティング P（営業部他）
	11:00～12:00	資源の提供 P（経営他者）	受注 P（営業部他）
	12:00～12:45	（休　憩）	
	12:45～14:00	顧客満足 P（営業部他）	法規制管理 P（総務部他）
	14:00～16:00	製品設計 P（設計部他）	工程設計 P（生産技術部他）
	16:00～16:30	監査チームミーティング	
	16:30～17:00	レビューミーティング（管理責任者、各プロセスオーナー）	
	21:00～23:00	製造工程監査－夜勤（引継ぎを含む）（製造部他）	
xx 月 xx 日	9:00～10:30	製造 P（製造部他）	製品検査 P（品質保証部他）
	10:30～12:00	製造工程監査（製造部他）	製品監査（品質保証部他）
	12:00～12:45	（休　憩）	
	12:45～13:45	引渡し P（物流センター他）	フィードバック P（品質保証部他）
	13:45～15:00	内部監査 P（管理責任者他）	継続的改善 P（品質保証部他）
	15:00～16:00	監査チーム打合せ、監査結果のまとめ	
	16:00～16:30	レビューミーティング（管理責任者、各プロセスオーナー）	
	16:30～17:00	最終会議（経営者、各プロセスオーナー）	
参考文書	・「プロセス－部門関連図」、「プロセス－要求事項関連図」、「タートル図」		

［備考］　COP：顧客志向プロセス、SP：支援プロセス、MP：マネジメントプロセス、P：プロセス

図 3.4　内部監査計画書（例）

監査所見には、改善の機会を含めることができます。IATF 16949 の第三者認証審査における所見の等級の例を図 1.15（p.26）に示しましたが、内部監査における等級については、それぞれの組織で決めることになります。内部監査所見の区分と等級の例を、図 3.6 および図 3.7 に示します。

なお、サンプリング監査でたまたま見つかったという理由で、不適合を改善の機会にしてはいけません。

不適合が検出された場合は「不適合報告書」を発行します。「不適合報告書」は、第三者や次回の監査員が読んでわかるように、具体的客観的な事実を記載します。「不適合報告書」では、次に示す不適合の 3 要素を明確にします（図3.5 参照）。

① 監査基準（要求事項、すなわち IATF 16949 規格、品質マニュアル、コントロールプラン、顧客要求事項、関連法規制など）
② 監査証拠（監査で見つかった事実、客観的証拠）
③ 監査所見（適合、不適合、改善の機会の区別）

内部監査で検出された監査所見をもとに、監査チームで検討して、監査の結論をまとめます。監査結論とは、内部監査の目的を達成したかどうかの、監査チームの見解です。

内部監査が終了すると「内部監査報告書」を発行します。「内部監査報告書」に含める項目は、ISO 19011 規格で規定されています。「内部監査報告書」の例を図 3.8 に示します。

3 要素	内　容
①監査基準 （要求事項）	・IATF 16949 規格、品質マニュアル、コントロールプラン、顧客要求事項、関連法規制、その他組織が決めた要求事項など
②監査証拠 （事実、客観的証拠）	・監査で見つかった、要求事項を満たしていない事実の内容・客観的証拠（文書・記録など）
③監査所見	・適合、不適合、改善の機会の区分

図 3.5　不適合成立の 3 要素

(3) 内部監査のフォローアップ

不適合が検出された場合、被監査部門の責任者は、不適合に対する修正（correction）と是正処置（corrective action）を実施する責任があります。そして内部監査員は、是正処置の内容と完了および有効性の検証を行います。

内部監査員は、フォローアップ（follow-up）において、是正処置の内容が再発防止策になっているかどうか、そして是正処置の有効性の確認が適切に行われているかどうかを確認することが必要です。是正処置の有効性の確認方法に関して、例えば、ある特性に関する品質クレームが何年ぶりかで発生し、それに対する是正処置をとった際に、その後6カ月間様子を見たところ同様の品質クレームは再発しなかったというような内容の報告書を見ることがありますが、これではだめですね。是正処置の効果による変化を見ることが必要です。

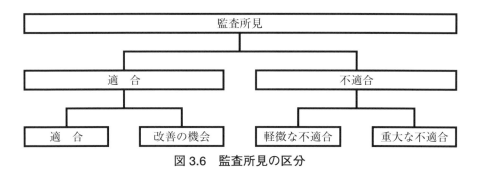

図3.6　監査所見の区分

	不適合の範囲 の大きさによる分類	不適合の影響 の大きさによる分類
重大な不適合	品質マネジメントシステム全体において、ある要求事項を満たさない不適合	法規制への違反または顧客への不適合製品出荷の恐れがある不適合
軽微な不適合	品質マネジメントシステムの一部の部門またはプロセスで、ある要求事項を満たさない不適合	法規制への違反または顧客への不適合製品出荷の恐れがない不適合
改善の機会	不適合ではないが、改善の余地がある場合	

図3.7　内部監査の監査所見の等級の例

第3章 プロセスアプローチ内部監査

内部監査報告書			
監査の名称	20xx年度内部監査	報告書番号	QMSxxxx
監査プログラム	品質マネジメントシステム監査、製造工程監査、製品監査	報告書発行日	20xx年xx月xx日
		監査実施日	20xx年xx月xx日〜xx年xx月
監査の目的	・IATF 16949要求事項への適合性および有効性の確認 ・品質目標の達成状況の確認	監査計画	内部監査計画書参照
		被監査領域	全プロセス、全部門、全製造工程
監査の範囲	・全COP、SP、MP ・全対象製品、全関連部門 ・全対象顧客	監査対象期間	20xx年xx月xx日〜xx年xx月
		監査員チーム	監査員A(リーダー) 監査員B、監査員C、監査員D
監査の基準	・IATF 16949:2016規格 ・顧客固有の要求事項 ・品質マニュアル	監査チームリーダー署名	*監査員A*
監査結論(総括報告) ① 全般的にプロセスの監視指標が計画未達成の場合の処置が不十分である。コアツールの活用もまだ十分でない。 ② 下記のとおり軽微な不適合3件、改善の機会5件が検出された。			
監査所見 **肯定的事項:** ・品質マネジメントシステムのプロセスが適切に定義され、プロセスの監視指標が設定され、その達成度が毎月監視されている。 **不適合事項:** ・不適合3件が検出された。詳細は、別紙「不適合報告書」参照 ・No.1 7.2 教育・訓練の有効性の評価(教育・訓練プロセス、総務部) ・No.2 8.4.1 供給者の評価(購買プロセス、資材部) ・No.3 7.1.5.1.1 測定システム解析(測定器管理プロセス、品質保証部) **改善の機会:** ・改善の機会5件が検出された。詳細は、別紙「改善の機会報告書」参照			
フォローアップ計画 ・不適合(計3件)に対する是正処置の完了予定日(20xx-xx-xx)から1週間以内に完了確認を行い、その3カ月後に有効性の確認を行う予定			
本報告書に対するコメントおよび承認 ・内部監査は、監査計画書どおりに実施され、監査の目的を満たしている。 ・監査所見の内容も適切であると判断する。 ・フォローアップの後、内部監査プログラムの評価を行う。		管理責任者 ○○○○ 日付: 20xx-xx-xx	
配付先 社長、管理責任者、総務部長、営業部長、設計部長、資材部長、製造部長、品質保証部長			
添付資料 「内部監査計画書」、監査プロセス−要求事項関連図、「不適合報告書」3件、「改善の機会報告書」5件			

図3.8 内部監査報告書(例)

3.2 プロセスアプローチ内部監査

3.2.1 適合性の監査と有効性の監査

9.2.1項(p.213)に述べるように、IATF 16949(ISO 9001)では、内部監査の目的として、適合性の確認と有効性の確認の両方を要求しています。従来から行われている内部監査の方法として、部門別監査があります。部門別監査は、組織の部門ごとに行われる監査で、それぞれの部門に関係するISO 9001やIATF 16949の規格要求事項、およびその部門の業務に対して行われます。

この監査方法は、主として要求事項または業務手順に適合しているかどうかを確認するもので、適合性の監査といわれています。この従来方式の監査に対して、要求事項への適合性よりも、プロセスの目標と計画の達成状況に視点をあてた監査方法があります。これがIATF 16949で要求しているプロセスアプローチ監査です。(図3.9、図3.10参照)。

内部監査の方法に関して、次のように述べることができます。

① 経営者と組織にとって重要なことは、手順どおりに仕事を行うことではなく、仕事の実施した結果が目標を達成しているかどうかである。
② そのための監査は、要求事項への適合性ではなく、プロセスの結果、すなわち有効性を確認するプロセスアプローチ監査である。

a) 次の事項に適合しているか？ ・組織が規定した要求事項 ・IATF 16949(ISO 9001)規格要求事項 ・顧客要求事項 ・関連法規制	b) 有効に実施され、維持されているか？
・a)の要求事項で行うべき事項が行われているかどうかを確認する。	・結果として、a)の要求事項を達成しているかどうかを確認する。
適合性の監査	有効性の監査

図3.9　内部監査の目的－適合性の監査と有効性の監査

	部門別監査	プロセスアプローチ監査
監査対象	・部門ごとに実施する。	・プロセスごとに実施する。
目的	・IATF 16949（ISO 9001）規格要求事項および業務の手順への適合性を確認する。	・プロセスの成果の達成状況、システムの有効性を確認する。
不適合となる場合	・IATF 16949（ISO 9001）規格の要求事項を満たしていない場合 ・業務の手順が守られていない場合	・プロセスの目標・計画を設定していない場合 ・プロセスの実施状況を監視していない場合 ・プロセスの結果、品質マネジメントシステムの有効性（目標の達成状況）を改善していない場合 ・プロセスアプローチ監査で、要求事項に対する不適合が発見された場合
メリット	・各部門に関係する要求事項への適合性をチェックできる。 ・各部門に関係する業務フローに従って確認できる。 ・標準的なチェックリストが利用できる。	・結果を確認することができ、有効性を判定することができるため、組織に役に立つ監査となる。 ・顧客満足重視の監査ができる。 ・有効性と効率性を監査できる。 ・部門間のつながりを監査できる。

図3.10　部門別監査とプロセスアプローチ監査

3.2.2　自動車産業のプロセスアプローチ監査の手順

（1）　プロセスアプローチ監査の方法

　部門別監査では、手順どおりに実施しているかどうかをチェックすることに監査の視点がおかれるのに対して、プロセスアプローチ監査では、プロセスの結果が目標や計画を達成しているかどうかに視点をおきます。

　適合性の監査である部門別監査よりも、有効性の監査であるプロセスアプローチ監査の方が、結果につながる監査となり、監査の効果と効率がよいといえます。プロセスアプローチ監査によって、プロセスの有効性と効率性を評価することができます。

　部門別監査とプロセスアプローチ監査における質問の例を図3.11に示します。

部門別監査での質問	プロセスアプローチ監査での質問
① あなたの仕事の内容を説明してください。 ② その仕事の手順は決まっていますか？ 手順書はありますか？ ③ 手順どおりに仕事が行われていますか？ ④ 手順どおりに仕事が行われたことを、どのようにして確認していますか？ ⑤ 手順どおりに仕事が行われたという証拠（記録）を見せてください。 ⑥ 手順どおりに仕事が行われなかった場合、どのような処置をとりましたか？	① プロセスの目標と計画は決まっていますか？ ② プロセスをどのように実行していますか？ ③ プロセスが計画どおりに実行されていること、および目標が達成されることは、どのようにしてわかりますか？ ④ プロセスが計画どおりに実行されましたか、目標が達成されましたか？ ⑤ 目標が達成されないことがわかった場合、どのような処置をとりましたか？ ⑥ プロセスの目標と計画は適切でしたか？
⇩	⇩
手順どおりに仕事を行うようになる。	目標が達成できるようになる。

図 3.11 部門別監査とプロセスアプローチ監査の質問（例）

(2) プロセスアプローチ監査のチェックリスト

プロセスアプローチ監査では、タートル図をチェックリストとして使用することができます。しかしタートル図は、要求事項の箇条番号がわかりにくいのが欠点かも知れません。本書の第2章では、プロセス関連図（図2.12、p.56参照）、プロセスオーナー表（図2.13、p.57参照）、プロセス－要求事項関連図（図2.14、p.58参照）、プロセスフロー図（図2.17、p.60参照）およびタートル図（図2.15、p.59参照）の例について説明してきました。これらの各文書にもとづいて作成した「内部監査チェックリスト」の例を図3.12に示します。

(3) 自動車産業のプロセスアプローチ監査の進め方

自動車産業のプロセスアプローチ監査は、図3.13に示すCAPDo（Check - Act - Plan - Do）ロジックに従って実施します。また、この方法によるプロセスアプローチ監査の一般的な監査のフローは図3.14に示すようになります。

内部監査チェックリスト

監査対象プロセス	顧客満足プロセス	監査日	20xx- xx - xx
プロセスオーナー	営業部長	監査員	監査員 A、監査員 B
面接者	営業部長、品質保証部長	監査基準	IATF 16949

	確認する文書・記録等	要求事項	監査結果
品質目標	・プロセスの目標 ・部門の目標 ・製品の目標	6.2 8.3.3	
アウトプット	・顧客アンケート結果 ・マーケットシェア率 ・顧客クレーム件数 ・顧客の受入検査不良率 ・顧客スコアカード ・顧客ポータル	8.2.1 8.7 9.1.2 9.1.3 10.2	
インプット	・前年度顧客満足度データ ・市場動向、同業他社状況 ・製品返品実績データ ・顧客要求事項 ・顧客満足度改善目標 ・上記各アウトプットの目標値	4.2 4.3.2 6.2.1 8.2.1 8.2.2	
物的資源(設備・ システム・情報)	・データ分析用パソコン ・顧客とのデータ交換システム	7.1.3 8.2.1	
人的資源 (要員・力量)	・営業部長、品質保証部長 ・顧客折衝能力	7.2 7.3	
運用方法 (手順・技法)	・顧客満足規定 ・顧客満足プロセスフロー図 ・顧客満足タートル図 ・顧客アンケート用紙	9.1.2 9.1.3 10.2	
評価指標(監視測 定指標と目標値) ・目標・計画 ・実績 ・改善処置	・顧客満足度改善目標達成度 ・顧客アンケート結果 ・マーケットシェア ・顧客クレーム件数度 ・顧客の受入検査不良率 ・顧客補償請求金額	9.1.1 9.1.2 9.1.3 10.2	
関連支援プロセス	・製品実現プロセス(受注〜出荷) ・教育訓練プロセス	8.1 〜 8.7	
関連マネジメント プロセス	・方針展開プロセス ・製造プロセス ・内部監査プロセス	5.1 5.2 9.2	

図 3.12　内部監査チェックリスト(例)

第Ⅰ部　IATF 16949 認証制度とプロセスアプローチ

ステップ	確認事項
C(Check)	・パフォーマンスに対する質問から始める。 ・期待される指標とその目標値は何か？ ・実際のパフォーマンス(結果)はどうか？
A(Act)	・パフォーマンス改善のために、どのような活動が展開されたか？
P(Plan)	・計画は目標を達成できるようなものになっているか？ ・以前の活動結果は考慮されているか？ ・計画は IATF 16949 規格の要求事項を満足するか？ ・確実な手順・計画となっているか？
Do(Do)	・計画どおり実行されているか？ ・現場で適用されているか(現場確認)？

図 3.13　プロセスアプローチ監査における CAPDo ロジック

タートル図のプロセスアプローチ監査への活用の例を図 3.15 に示します。

① （タートル図評価指標）生産計画未達問題が発生していたことがわかる。
② 上記①の原因は、製造設備のトラブルであった（なぜ 1）。
③ 上記②の原因として、図 3.15 の 3 つの場合が考えられる（なぜ 2）。
④ 上記③のそれぞれの原因が考えられる（なぜ 3）。
⑤ 最終的に監査所見として、図 3.15 に示すように、IATF 16949 規格要求事項のどれかに対して不適合であることがわかる。

このように、CAPDo ロジックによるプロセスアプローチ監査によって、有効性だけでなく、適合性の不適合についても、より効率的に（短時間で）問題点見つけることができるのです。

(4)　監査報告書の記載方法

IATF 16949 の内部監査では、次の事項を考慮するようにします。

① 監査する対象は、人ではなくシステムである。
② 内部監査は、システム（仕組み）の監査であり、人の行動や記録だけを見て判断し、現象のみを指摘することに留まる監査は適切ではない。
③ システム（仕組み）の問題点まで掘り下げて指摘することが重要である。

ステップ	質問内容
ステップ1	・目標とする結果(アウトプット)は何か？
ステップ2	・その結果(有効性と効率)をどのような指標で管理しているか？
ステップ3	・有効性と効率の目標は何か？
ステップ4	・目標の達成度はどのように監視するか？
ステップ5	・達成度はどうか？
ステップ6	・目標未達の原因または過達の原因はないか？
ステップ7	・目標達成のためにどのような人材が必要か？ ・そのためにどのような訓練の仕組みが必要か？
ステップ8	・目標達成のために必要なインフラストラクチャは何か？ ・そのためにどのような管理の仕組みが必要か？
ステップ9	・目標達成のために必要な基準・手順・標準・計画は何か？ ・そのためにどのような標準化・文書化が必要か？ ・その文書類の管理の仕組みはどのようになっているか？
ステップ10	・どのような改善計画、是正処置が展開されたか？
ステップ11	・是正処置や改善計画はどのようにフォローされているか？

図3.14 プロセスアプローチ監査の監査のフロー(例)

したがって、効果的な監査報告とするために、内部監査報告書を作成する際には、次の事項に留意することが必要です。

① (監査で見つかった個々の問題に限定した)現象報告ではなく、システムの改善点に言及した不適合の記述とする。
② 不適合としてクローズできないものも懸念事項としてもれなく報告し、改善の必要性を検討する機会を与える。

そして、監査所見には、不適合の記述(監査所見)、要求事項(監査基準)、および客観的証拠(監査証拠)の3項目を明記します。

ところで、不適合の記述は客観的証拠とよく混同されることがあります。人の行動や起こっている現象は客観的証拠です。不適合の記述はシステムの問題として表現することが重要です。そのようにしないと、不適合に対する処置にとどまり、組織の問題解決は効果的なものにならない可能性があるからです。

内部監査所見(不適合)の記載例を図3.16に示します。

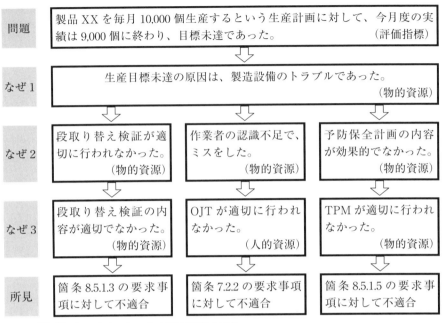

図 3.15　タートル図のプロセスアプローチ監査への活用（例）

内部監査所見	
不適合の記述 （監査所見）	・測定機器の校正システムが有効に機能していない。
要求事項 （監査基準）	・IATF 16949 規格箇条 7.1.5.2 では、測定機器は定められた間隔または使用前に校正または検証し、校正状態を識別することを要求している。 ・品質マニュアルでは、測定機器は毎年 3 月に校正すると規定している。
客観的証拠 （監査証拠）	・製造課の No.007 のマイクロメータは、校正期限切れであることが検出された。 ・今年 6 月に実施された内部監査で確認したところ、このマイクロメータに貼られていた校正ラベルの有効期限は、今年 3 月末となっていた。

図 3.16　内部監査所見の記述例

3.3　内部監査員の力量

3.3.1　品質マネジメントシステム監査員の力量
(1)　内部監査員に求められる力量

　マネジメントシステム監査の規格 ISO 19011 では、内部監査員に必要な力量（competence）として、監査員に求められる個人の行動（監査員としての資質）と、監査員に必要な知識と能力の両方が必要であると述べています（図 3.17 参照）。

(2)　内部監査員の力量の評価と維持・向上

　ISO 19011 規格では、監査を効果的なものにするためには、監査員の力量を定期的に評価して、力量を継続的に向上させることが必要であると述べています。

区分	内　容
監査員に求められる個人の行動（監査員としての資質）	・倫理的である　・決断力がある ・心が広い　・自立的である ・外交的である　・不屈の精神をもって行動する ・観察力がある　・改善に対して前向きである ・知覚が鋭い　・文化に対して敏感である ・適応性がある　・協働的である ・粘り強い
マネジメントシステム監査員に必要な知識・技能	①　マネジメントシステム監査員の共通の知識と技能 　・監査の原則、手順・方法 　・マネジメントシステムおよび基準文書 　・組織の概要 　・適用される法的・契約上の要求事項 　・被監査者に適用されるその他の要求事項 ②　分野・業種に固有のマネジメントシステム監査員の知識・技能 ③　監査チームリーダーの共通の知識・技能
品質マネジメントシステム監査員に必要な知識・技能	①　品質用語 ②　製品特性 ③　品質マネジメントの原則（図 1.1 参照）

図 3.17　監査員に必要な力量

監査員の評価の時期としては、次の2つの段階があります。
① 内部監査員になる前の最初の評価
② 内部監査員のパフォーマンスの継続的評価

①は、内部監査員の資格認定のための最初の評価です。そして②は、例えば監査を実施している様子を監視したり、監査の結果を評価することになります。

これは、3.1.2項に述べた監査プログラムのフローの監査員の力量・評価(ISO 19011規格箇条7)に相当します。

すなわち内部監査員は、内部監査員教育を行って、一度資格認定すればよいというものではなく、監査員の力量を定期的に評価して、監査員としての力量を維持・向上させることが必要です。

監査所見の作成状況の評価方法としては、例えば適合性を判断できる程度(適合性指摘件数)、有効性を判断できる程度(有効性指摘件数)、監査所見内容の適切性、および是正処置内容評価能力などの監査終了後の評価項目が考えられます。

項 目	内 容	フォード	GM
必要な力量	IATF 16949の理解	◯	
	ISO 19011規格箇条7.1～7.5の監査員に求められる力量		◯
	コアツールの理解 ・APQP、PPAP、FMEA、SPC、MSA	◯	◯
	フォード固有の要求事項の理解	◯	
	GM固有の要求事項の理解		◯
	プロセスアプローチ監査(IATF 16949規格箇条0.3)の理解		◯
	自動車産業プロセスアプローチ監査手法の力量	◯	
1日監査と同等の実習セミナーへの参加	下記のいずれかに参加 ・監査のケーススタディ ・監査のロールプレイ ・現地監査への参加	◯	

図 3.18 内部監査員資格認定要件(フォードおよびゼネラルモーターズ)

3.3.2　IATF 16949の内部監査員の力量

(1) IATF 16949の内部監査員に対する要求事項
　IATF 16949規格（箇条7.2.3）では、内部監査員の力量に関して詳しく述べています（図7.14、p.126参照）。
　また、フォードおよびゼネラルモーターズ（GM）では、それぞれフォード固有の要求事項およびゼネラルモーターズ固有の要求事項（CSR）において、内部監査員に対して、図3.18に示すような適格性確認要件を示しています。

(2) IATF 16949の内部監査員に求められる力量
　IATF 16949の内部監査員を資格認定するために必要な力量をまとめると、図3.19のようになります。

必要な力量＼内部監査	品質マネジメントシステム監査	製造工程監査	製品監査
①監査員の行動（監査員の資質）	◎	◎	◎
②品質マネジメントシステムの理解	◎	○	○
③IATF 16949規格要求事項の理解	◎	○	○
④顧客固有の要求事項の理解	◎	○	○
⑤製品・製品規格の知識	○	○	◎
⑥製造工程の知識	○	◎	○
⑦ソフトウェアの知識	○	○	○
⑧製品の検査・試験方法の知識	○	○	◎
⑨特殊特性（製品・工程）の理解	◎	◎	◎
⑩コアツールの理解（APQP、PPAP）	◎	○	○
⑪コアツールの理解（SPC、FMEA、MSA）	◎	◎	◎
⑫ISO 19011にもとづく監査手法の習得	◎	○	○
⑬プロセスアプローチ式監査手法の習得	◎	○	○
⑭内部監査実務の経験	◎	◎	◎

［備考］◎：必要な力量、　○：望ましい力量

図3.19　IATF 16949の内部監査員に求められる力量

第Ⅱ部

IATF 16949 要求事項の解説

第Ⅱ部の第4章から第10章までは、IATF 16949規格の箇条4から箇条10までの、いわゆる要求事項について解説しています。
　詳細については、ISO 9001規格およびIATF 16949規格を参照ください。

　第Ⅱ部では、次のように記載しています。
① ［ISO 9001要求事項のポイント］および［IATF 16949追加要求事項のポイント］は、それぞれ、ISO 9001：2015規格要求事項のポイント、およびIATF 16949：2016規格追加要求事項のポイントについて述べています。
② ［旧規格からの変更点］は、それぞれ、ISO 9001：2008規格要求事項、およびISO/TS 16949：2009規格追加要求事項からの変更点について述べています。また変更の程度を、大・中・小の3つのレベルに区分して表しています。
③ 　図は、ISO 9001規格要求事項およびIATF 16949規格追加要求事項をまとめて、それぞれ次のように字体を区別して表し、説明しています。
　　・明朝体(細字)：ISO 9001：2015の要求事項
　　・ゴシック体(太字)：IATF 16949：2016の追加要求事項
　また、IATF 16949規格において、"〜しなければならない"(shall)と表現されている箇所(要求事項)は、本書では、"〜する"と表しています。
　IATF 16949規格では、文書・記録の要求事項を次のように表現しています。
　・文書化した情報を維持する…文書の要求
　・文書化した情報を保持する…記録の要求
　IATF 16949(ISO 9001)規格において、要求事項の項目名のない箇所については、筆者が(　)で項目名をつけました。
　なお、IATF 16949規格では、ISO 9001規格にあわせて、基本的には部品という用語は使用せずに、製品という用語が使われています。しかしIATF 16949規格では、製品承認プロセスに関して、生産部品承認プロセスのように、コアツール参照マニュアルを引用した箇所などでは、部品という用語が使われています。製品も部品も同じ意味であると理解し、特に区別しなくてよいでしょう。

第4章 組織の状況

本章では、IATF 16949規格(箇条4)の"組織の状況"について述べています。

この章のIATF 16949規格要求事項の項目は、次のようになります。

- 4.1 　　組織およびその状況の理解
- 4.2 　　利害関係者のニーズおよび期待の理解
- 4.3 　　品質マネジメントシステムの適用範囲の決定
- 4.3.1 　品質マネジメントシステムの適用範囲の決定－補足
- 4.3.2 　顧客固有要求事項
- 4.4 　　品質マネジメントシステムおよびそのプロセス
- 4.4.1 　（一般）
- 4.4.1.1 製品およびプロセスの適合
- 4.4.1.2 製品安全
- 4.4.2 　（文書化）

4.1　組織およびその状況の理解（ISO 9001 要求事項）

[ISO 9001 要求事項のポイント]

　IATF 16949 規格の基本を構成している ISO 9001 規格では、まず組織およびその状況を理解し（箇条 4.1）、利害関係者のニーズおよび期待を理解し（箇条 4.2）、それらを考慮して品質マネジメントシステムの適用範囲を決定する（箇条 4.3）という規格構成になっています（図 4.1 参照）。

　組織およびその状況の理解に関して、図 4.2 ①～⑤に示す事項を実施することを求めています。すなわち、組織外部・内部の課題を明確にするとともに、それらの課題に関する情報を監視し、レビューすることを求めています。

　この外部・内部の課題の監視・レビューの結果、すなわち外部・内部の課題の変化はマネジメントレビューのインプット項目となります。

[旧規格からの変更点]（変更の程度：中）

　新規要求事項です。

[IATF 16949 追加要求事項のポイント]

　この項についての IATF 16949 規格の追加要求事項はありませんが、ISO 9001 規格の要求事項は、IATF 16949 にも適用されます。

4.2　利害関係者のニーズおよび期待の理解（ISO 9001 要求事項）

[ISO 9001 要求事項のポイント]

　利害関係者のニーズおよび期待の理解に関して、図 4.2 ⑥～⑧に示す事項を実施することを求めています。品質マネジメントシステムに密接に関連する利害関係者とその要求事項（ニーズ・期待）を明確にするとともに、それらに関する情報を監視し、レビューすることが求められています。利害関係者の範囲は、組織に関係するすべての利害関係者ではなく、品質マネジメントシステムに密接に関連する利害関係者と考えるとよいでしょう。顧客（エンドユーザー、直接顧客、次工程など）、供給者、従業員、関連法規制などが考えられます。

　この利害関係者の要求事項の監視・レビューの結果は、マネジメントレビューのインプット項目となります。

第4章　組織の状況

[旧規格からの変更点]（変更の程度：中）
新規要求事項です。

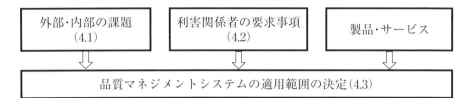

図 4.1　適用範囲決定のフロー

項　目	実施事項
組織およびその状況の理解(4.1)	① 組織の外部・内部の課題を明確にする。 ② 課題は、組織の目的と戦略的な方向性（経営方針、品質方針など）に関連する。 ③ 課題は、品質マネジメントシステムの意図した結果を達成する組織の能力に影響を与える。 ④ 注記　課題には、好ましい要因・状態と、好ましくない要因・状態がある。 ⑤ 外部・内部の課題に関する情報を監視し、レビューする。
利害関係者のニーズおよび期待の理解(4.2)	⑥ 品質マネジメントシステムに密接に関連する利害関係者を明確にする。 ⑦ 利害関係者の要求事項（ニーズ・期待）を明確にする。 ⑧ 利害関係者とその関連する要求事項に関する情報を監視・レビューする。
品質マネジメントシステムの適用範囲の決定(4.3)	⑨ 品質マネジメントシステムの適用範囲の境界と適用可能性を決定する。 ⑩ 次の事項を考慮して、品質マネジメントシステムの適用範囲を決定する。 　a)　外部・内部の課題（箇条4.1） 　b)　利害関係者の要求事項（箇条4.2） 　c)　（組織の）製品・サービス

図 4.2　組織の状況、利害関係者の要求事項およびQMSの適用範囲

4.3 品質マネジメントシステムの適用範囲の決定（ISO 9001 要求事項）

[ISO 9001 要求事項のポイント]

品質マネジメントシステムの適用範囲（scope）の決定に関して、図4.2⑨～⑩、および図4.4①、④、⑥、⑧に示す事項を実施することを求めています。

次の事項を考慮して、品質マネジメントシステムの適用範囲を決定します（図4.1参照）。

a) 箇条4.1（組織およびその状況の理解）に規定する外部・内部の課題
b) 箇条4.2（利害関係者のニーズおよび期待の理解）に規定する利害関係者の要求事項
c) 組織の製品・サービス

図4.4①のように、ISO 9001 規格の要求事項は、適用可能なものはすべて適用することが必要です。適用不可能な要求事項がある場合は（要求事項の適用除外）、その正当性を示すことが必要です。顧客への影響など、組織の能力または責任に影響を及ぼす可能性がある場合は、その要求事項の適用を除外することはできません。

品質マネジメントシステムの適用範囲は文書化します。適用範囲には、対象となる製品・サービスの種類を記載します。

適用範囲は、旧規格では箇条1.2 適用で述べられていましたが、適用範囲の決定が要求事項になりました。

[旧規格からの変更点]（変更の程度：小）

新規要求事項です。

4.3.1 品質マネジメントシステムの適用範囲の決定－補足（IATF 16949 追加要求事項）

[IATF 16949 追加要求事項のポイント]

品質マネジメントシステムの適用範囲の決定に関して、図4.4②、③、⑤、⑦に示す事項を実施することを求めています。

組織の適用範囲に関して、支援部門（設計部門、本社、配給センターなど）も適用範囲に含めることが必要です。支援部門が、サイト（生産事業所）内にある

IATF 16949 の対象組織		
サイト（生産事業所）		遠隔地の支援事業所
製造部門	支援部門 （購買・倉庫など）	支援部門 （営業・設計など）

［備考］サイト内の支援部門も遠隔地の支援部門も IATF 16949 の対象組織となる。

図 4.3　IATF 16949 の対象組織

場合でも、また遠隔地にある場合でも変わりません（図 4.3 参照）。

図 4.4 ⑤に示すように、要求事項の適用範囲に関して、適用除外が可能となるのは、顧客が製品の設計・開発を行っている場合の、製品に関する設計・開発の要求事項（箇条 8.3）のみです。製品の設計・開発が、海外で行われている場合は、その海外の事業所が適用範囲に含まれます。なお図 4.4 ⑦に示すように、製造工程の設計・開発は、いかなる場合も適用除外できません（図 4.5 参照）。

［旧規格からの変更点］（変更の程度：小）

新規要求事項です。

4.3.2　顧客固有要求事項（IATF 16949 追加要求事項）

［IATF 16949 追加要求事項のポイント］

顧客固有要求事項（CSR、customer- specific requirements）が、要求項目として追加されました（図 4.4 ③参照）。顧客固有の要求事項は、評価し、品質マネジメントシステムの適用範囲に含めることを求めています。これは、箇条 4.2 利害関係者の要求事項に含まれることになります。

［旧規格からの変更点］（変更の程度：大）

顧客固有要求事項が、要求項目として追加されました。

項　目	実施事項
適用範囲に含めるもの (4.3、4.3.1)	① 適用可能な ISO 9001 規格要求事項のすべてを含める。
	② **支援部門（設計センター、本社、配給センターなど）も適用範囲に含める。** ・支援部門が、サイト（生産事業所）内にある場合でも、また遠隔地にある場合でも
顧客固有要求事項 　　(4.3.2)	③ **顧客固有の要求事項は、評価し、適用範囲に含める。**
要求事項の適用除外 (4.3、4.3.1)	④ 適用不可能な ISO 9001 規格の要求事項がある場合は、その正当性を示す。
	⑤ **適用除外が可能となるのは、顧客が製品の設計・開発を行っている場合の、製品に関する設計・開発の要求事項（箇条8.3）のみである。**
適用除外できないもの (4.3、4.3.1)	⑥ 組織の能力または責任に影響を及ぼす可能性がある場合は、その要求事項は適用除外できない。
	⑦ **製造工程の設計・開発は適用除外できない。**
適用範囲の文書化 (4.3)	⑧ 適用範囲を文書化する。 ・適用範囲には、対象となる製品・サービスの種類を記載する。

［備考］ゴシック体（太字）は IATF 16949 規格の追加要求事項を示す。

図 4.4　適用範囲に含めるもの

製品の設計・開発				製造工程の設計・開発
顧客が実施している場合	顧客以外で実施している場合			生産事業所のある組織が実施しているはず。
	組織が実施	関連会社が実施	アウトソース先が実施	
⇩	⇩	⇩	⇩	⇩
製品の設計・開発は適用除外となる。	製品の設計・開発は適用除外とはならない。			製造工程の設計・開発は適用除外とはならない。

図 4.5　設計・開発の適用除外

4.4　品質マネジメントシステムおよびそのプロセス

4.4.1　（一般）(ISO 9001 要求事項)
4.4.2　（文書化）(ISO 9001 要求事項)

[ISO 9001 要求事項のポイント]

品質マネジメントシステムとそのプロセスに関して、図4.6 ①〜⑧に示す事項を実施することを求めています。

すなわち、品質マネジメントシステムを、次のようにプロセスアプローチで運用することを述べています(図4.7 参照)。

a)　品質マネジメントシステムのプロセスに必要なインプット、およびプロセスから期待されるアウトプットを明確にする。
b)　プロセスの順序と相互関係を明確にする。
c)　プロセスの効果的な運用・管理を確実にするために必要な、判断基準と方法(監視・測定および関連するパフォーマンス指標を含む)を決定する。
d)　プロセスに必要な資源を明確にし、準備する。
e)　プロセスに関する責任・権限を割りあてる。
f)　リスクおよび機会への取組み(箇条6.1)の要求事項に従って決定したとおりに、リスクおよび機会に取り組む。
g)　プロセスを評価し、プロセスの意図した結果(アウトプット)の達成を確実にするために、必要な変更を実施する。
h)　プロセスおよび品質マネジメントシステムを改善する。

このように、品質マネジメントシステムの各プロセスをPDCAの改善サイクルで運用することが、プロセスアプローチであるといえます。プロセスアプローチの詳細については、第2章を参照ください。

[旧規格からの変更点]（旧規格4.1）（変更の程度：中）

ISO 9001 規格箇条 0.3.1 において、"プロセスアプローチに不可欠な要求事項を箇条4.4に規定している"と記載され、プロセスアプローチとは何かが明確になり、プロセスアプローチがISO 9001 においても要求事項となりました。

項　目	実施事項
品質マネジメントシステムの確立・実施・維持・改善 (4.4.1)	① ISO 9001 規格要求事項に従って、品質マネジメントシステムを確立・実施・維持する。 ② 品質マネジメントシステムを継続的に改善する。
プロセスの決定 (4.4.1)	③ 品質マネジメントシステムに必要なプロセスを決定する。 ・プロセスと部門とは異なる。また ISO 9001 規格の要求事項とも異なる(本書の 2.1.2 項参照)。 ④ プロセスの相互作用を明確にする。 ⑤ プロセスと組織の部門との関係を明確にする(図 2.13、p.57 参照)。
プロセスアプローチの運用(4.4.1)	⑥ 品質マネジメントシステムを、プロセスアプローチで運用する(図 4.7 参照)。
文書化(4.4.2)	⑦ プロセスの運用に関する文書化した情報を維持する(文書の作成)。 ⑧ プロセスが計画どおりに実施されたことを確信するための文書化した情報を保持する(記録の作成)。

図 4.6　品質マネジメントシステムおよびそのプロセス

[IATF 16949 追加要求事項のポイント]

この項についての IATF 16949 追加要求事項はありません。しかし、プロセスアプローチは、旧規格のときから、IATF 16949 で最も重要な要求事項の一つです。プロセスアプローチおよびプロセスアプローチ監査については、第2章および第3章を参照ください。

4.4.1.1　製品およびプロセスの適合(IATF 16949 追加要求事項)

[IATF 16949 追加要求事項のポイント]

製品およびプロセスの適合に関して、すべての製品(生産部品・サービス部品)とプロセス(組織のプロセスとアウトソースしたプロセス)が、すべての要求事項(顧客固有の要求事項・法規制を含む)に適合することを求めています(図 4.8 参照)。

[旧規格からの変更点]（変更の程度：中）

内容は当然のことですが、新規要求事項です。

第4章 組織の状況

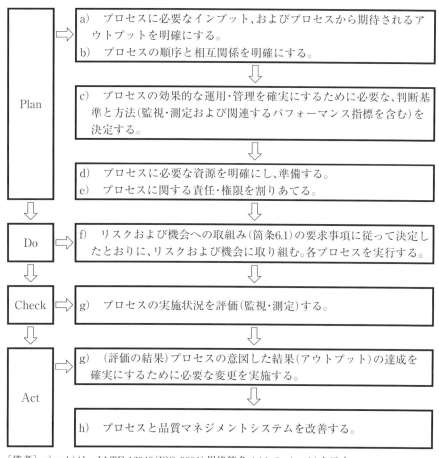

［備考］a)～h)は、IATF 16949(ISO 9001)規格箇条 4.4.1 の a)～h)を示す。

図 4.7　プロセスアプローチのフロー

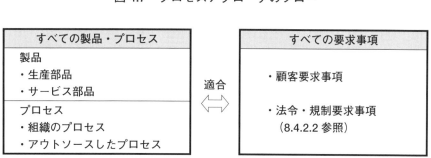

図 4.8　製品・プロセスの適合(箇条 4.4.1.1)

4.4.1.2 製品安全（IATF 16949 追加要求事項）

[IATF 16949 追加要求事項のポイント]

製品安全（product safety）に関して、図4.9 ①、②に示す事項を実施することを求めています。製品安全に関係する製品と製造工程の運用管理に対する文書化したプロセスを求めています。

製品安全、特別承認（special approval）および上申プロセス（escalation process）の説明を図5.5（p.101）に示します。

[旧規格からの変更点]（変更の程度：大）

新規要求事項です。

項　目	実施事項
製品安全プロセスの文書化(4.4.1.2)	①　製品安全に関係する製品および製造工程の運用管理に対する文書化したプロセスをもつ。
文書化したプロセスに含める内容(4.4.1.2)	②　文書化したプロセスには下記を含める（該当する場合）。 a）製品安全に関係する法令・規制要求事項の特定 b）a)の要求事項に関係する顧客からの通知 c）設計 FMEA に対する特別承認 d）製品安全に関係する特性の特定 e）安全に関係する製品特性・製造工程特性の特定と管理 f）コントロールプラン・工程 FMEA の特別承認 g）統計的に能力不足・不安定の特性に対する対応計画（9.1.1.1 参照） h）定められた責任、トップマネジメントを含めた上申プロセスおよび情報フローの明確化、ならびに顧客への通知 i）製品安全に関係する、製品と製造工程に携わる要員に対する、教育訓練の実施 j）製品・製造工程の変更（箇条 8.3.6 設計・開発の変更）は、製品安全に関する潜在的影響の評価を含めて、生産における変更実施前に承認 k）サプライチェーン全体（顧客指定の供給者を含む）にわたって、製品安全に関する要求事項の連絡 l）サプライチェーン全体にわたる、製造ロット単位での製品トレーサビリティ（最低限） m）新製品導入に活かす学んだ教訓

図4.9　製品安全

第5章 リーダーシップ

本章では、IATF 16949規格(箇条5)の経営者の"リーダーシップ"について述べています。

この章のIATF 16949規格要求事項の項目は、次のようになります。

- 5.1 　　リーダーシップおよびコミットメント
- 5.1.1 　一般
- 5.1.1.1 企業責任
- 5.1.1.2 プロセスの有効性および効率
- 5.1.1.3 プロセスオーナー
- 5.1.2 　顧客重視
- 5.2 　　方針
- 5.2.1 　品質方針の策定
- 5.2.2 　品質方針の伝達
- 5.3 　　組織の役割、責任および権限
- 5.3.1 　組織の役割、責任および権限－補足
- 5.3.2 　製品要求事項および是正処置に対する責任および権限

5.1 リーダーシップおよびコミットメント

5.1.1 一般(ISO 9001 要求事項)

[ISO 9001 要求事項のポイント]

リーダーシップ(leadership)およびコミットメント(commitment)に関して、図5.1 ① a)～g)に示す事項を実施することによって、品質マネジメントシステムに関するリーダーシップとコミットメントを実証することを求めています。

図5.1 ① c)では、品質マネジメントシステムを組織の事業プロセスに統合することを求めています。すなわち、会社にとって重要なことと、ISO 9001 の要求事項をわけて考えないことを述べています。

[旧規格からの変更点] (旧規格5.1) (変更の程度:中)

図5.1 ① a)、c)、d)、g)、h)、i)、j)が追加され、トップマネジメントの責任が強化されました。

5.1.1.1 企業責任(IATF 16949 追加要求事項)

[IATF 16949 追加要求事項のポイント]

企業責任に関して、図5.2 ①、②に示す事項を実施することを求めています。

製品・サービスの品質だけでなく、企業のあり方を品質マネジメントシステムに取り込むことを述べています。①は経営理念、②は倫理規定などが、その例になるでしょう。図5.1 ① c)の事業プロセスとの統合とあわせて、品質マネジメントシステムを組織の経営システムに統合させようという内容です。

[旧規格からの変更点] (変更の程度:大)

新規要求事項です。

5.1.1.2 プロセスの有効性および効率(IATF 16949 追加要求事項)

[IATF 16949 追加要求事項のポイント]

プロセスの有効性(effectiveness)と効率(efficiency)に関して、図5.2 ③、④に示す事項を実施することを求めています。

品質マネジメントシステムのプロセスの有効性と効率をレビューし、その結

項　目	実施事項
経営者自らが実施する事項(5.1.1)	①　トップマネジメントは、次の事項によって、リーダーシップとコミットメントを実証する。 a）品質マネジメントシステムの有効性に説明責任（accountability）を負う。 d）プロセスアプローチおよびリスクにもとづく考え方の利用を促進する。 f）有効な品質マネジメントおよび品質マネジメントシステム要求事項への適合の重要性を伝達する。 h）品質マネジメントシステムの有効性に寄与するよう、人々を積極的に参加させ、指揮し、支援する。 i）改善を促進する。 j）管理層がリーダーシップを実証するよう、管理層の役割を支援する。
経営者が仕組みを作る（確実にする）事項(5.1.1)	b）品質方針・品質目標を確立し、それらが組織の状況および戦略的な方向性と両立することを確実にする。 c）事業プロセスへの品質マネジメントシステム要求事項の統合を確実にする。 e）品質マネジメントシステムに必要な資源が利用できことを確実にする。 g）品質マネジメントシステムがその意図した結果を達成することを確実にする。

図 5.1　経営者のリーダーシップとコミットメント(1)

果をマネジメントレビューへのインプットとすることを述べています。"製品実現プロセスと支援プロセスをレビューする"と述べていますが、これには、本書の 2.2.1 項で述べた、顧客志向プロセスやマネジメントプロセスも含まれると考えるとよいでしょう。

[旧規格からの変更点]（旧規格 5.1.1）（変更の程度：小）
大きな変更はありません。

5.1.1.3　プロセスオーナー（IATF 16949 追加要求事項）

[IATF 16949 追加要求事項のポイント]
プロセスオーナーに関して、図 5.2 ⑤に示す事項を実施することを求めてい

項　目	実施事項
企業責任 (5.1.1.1)	① 企業責任方針を定め、実施する。 ② 贈賄防止方針、従業員行動規範、および倫理的上申方針（内部告発方針）を含める。
プロセスの有効性および効率 (5.1.1.2)	③ プロセスの有効性と効率を評価し改善するために、製品実現プロセスと支援プロセスをレビューする。 ④ プロセスのレビューの結果は、マネジメントレビューへのインプットとする。
プロセスオーナー (5.1.1.3)	⑤ プロセスオーナーを特定(任命)する。プロセスオーナーは、 ・プロセスと関係するアウトプットを管理する責任をもつ。 ・自らの役割を理解し、その役割を実行する力量をもつ。
顧客重視 (5.1.2)	⑥ トップマネジメントは、次の事項を確実にすることによって、顧客重視に関するリーダーシップとコミットメントを実証する。 a) 顧客要求事項および適用される法令・規制要求事項を明確にし、理解し、満たす。 b) 製品・サービスの適合ならびに顧客満足を向上させる能力に影響を与え得る、リスクおよび機会を決定し、取り組む。 c) 顧客満足向上の重視が維持される。

図5.2　経営者のリーダーシップとコミットメント(2)

ます。トップマネジメントは、各プロセスオーナーを任命し、プロセスオーナーは、自らの役割を理解し、その役割を実行する力量をもっていることを実証することが必要です。

［旧規格からの変更点］（変更の程度：大）
新規要求事項です。

5.1.2　顧客重視（ISO 9001 要求事項）

［ISO 9001 要求事項のポイント］
顧客重視に関して、図5.2⑥に示す事項を実施することを求めています。
［旧規格からの変更点］（箇条5.2）（変更の程度：中）
図5.2⑥a)、b)、c)が追加され、トップマネジメントの顧客重視に関する要求事項が強化されました。

5.2 方　針

5.2.1　品質方針の確立（ISO 9001 要求事項）
5.2.2　品質方針の伝達（ISO 9001 要求事項）

［ISO 9001 要求事項のポイント］

品質方針に関して、図 5.3 ①、②に示す事項を実施することを求めています。

［旧規格からの変更点］（箇条 5.3）（変更の程度：小）

品質方針の確立と品質方針の伝達の 2 つの要求事項にわけられ、図 5.3 ② c)の"密接に関連する利害関係者が入手可能である"が追加されました。

5.3　組織の役割、責任および権限（ISO 9001 要求事項）

［ISO 9001 要求事項のポイント］

組織の役割・責任・権限に関して、図 5.4 ①、②に示す事項を実施することを求めています。

［旧規格からの変更点］（箇条 5.5.1、5.5.2）（変更の程度：小）

図 5.4 ②は、旧規格の管理責任者の任務に相当します。

項　目	実施事項
品質方針の確立 (5.2.1)	①　トップマネジメントは、次の事項を満たす品質方針を確立し、実施し、維持する。 　a) 組織の目的および状況に対して適切であり、組織の戦略的な方向性を支援する（4.1 参照）。 　b) 品質目標の設定のための枠組みを与える（4.1 参照）。 　c) 要求事項を満たすことへのコミットメントを含む（5.1.1 参照）。 　d) 品質マネジメントシステムの継続的改善へのコミットメントを含む（10.3 参照）。
品質方針の伝達 (5.2.2)	②品質方針は、次のように伝達する。 　a) 文書化した情報として利用可能な状態にされ、維持される。 　b) 組織内に伝達され、理解され、適用される。 　c) 密接に関連する利害関係者が入手可能である（必要に応じて）。

図 5.3　品質方針の確立と伝達

項　目	実施事項
組織の役割、責任および権限 （5.3、**5.3.1**）	①　トップマネジメントは、関連する役割に対して、責任・権限が割りあてられ、組織内に伝達され、理解されることを確実にする。
	②　トップマネジメントは、次の事項に対して責任・権限を割りあてる。 　a）　品質マネジメントシステムが、ISO 9001 規格要求事項に適合することを確実にする。 　b）　プロセスが意図したアウトプットを生み出すことを確実にする。 　c）　品質マネジメントシステムのパフォーマンスおよび改善の機会を、トップマネジメントに報告する。 　d）　組織全体にわたって、顧客重視を促進することを確実にする。 　e）　品質マネジメントシステムへの変更を計画し、実施する場合には、品質マネジメントシステムを"完全に整っている状態"（integrity）に維持することを確実にする。
	③　トップマネジメントは、顧客要求事項が満たされることを確実にするために、責任・権限をもつ要員を任命し、文書化する。 ④　責任・権限には、次の事項を含める。 　a）　特殊特性の選定 　b）　品質目標の設定および関連する教育訓練 　c）　是正処置および予防処置 　d）　製品の設計・開発 　e）　生産能力分析 　f）　物流情報 　g）　顧客スコアカードおよび顧客ポータル
製品要求事項および是正処置に対する責任および権限 （5.3.2）	⑤トップマネジメントは、次の事項を確実にする。 　a）　製品要求事項への適合に責任を負う要員は、品質問題を是正するために出荷を停止し、生産を停止する権限をもつ。 　b）　次のための是正処置に対する責任・権限をもつ要員に、要求事項に適合しない製品・プロセスの情報が速やかに報告されるようにする。 　　・不適合製品が顧客に出荷されないようにする。 　　・すべての潜在的不適合製品を識別し封じ込める。 　c）　すべてのシフト（shift）の生産活動に、製品要求事項への適合を確実にする責任を負う、またはその責任を委任された要員を配置する。

図 5.4　組織の役割、責任および権限

5.3.1　組織の役割、責任および権限－補足（IATF 16949 追加要求事項）

［IATF 16949 追加要求事項のポイント］（変更の程度：小）

組織の役割・責任・権限に関して、図 5.4 ③、④に示す事項を実施することを求めています。

［旧規格からの変更点］（箇条 5.5.2.1）（変更の程度：小）

図 5.4 ③、④は、旧規格の顧客要求への対応責任者の任務に相当します。

図 5.4 ④ e) 生産能力分析、f) 物流情報、g) 顧客スコアカード（customer scorecard）および顧客ポータル（customer portal）が追加されています。

5.3.2　製品要求事項および是正処置に対する責任および権限（IATF 16949 追加要求事項）

［IATF 16949 追加要求事項のポイント］

製品要求事項および是正処置に対する責任・権限に関して、図 5.4 ⑤に示す事項を実施することを求めています。

［旧規格からの変更点］（箇条 5.5.1.1）（変更の程度：小）

これは、旧規格の品質責任者の任務に相当します。

なお、図 5.4 ⑤ a) の"出荷停止"が追加されています。

用語	定　義
製品安全 （product safety）	・顧客に危害や危険を与えないことを確実にする、製品の設計および製造に関係する規範
特別承認 （special approval）	・4.4.1.2 注記　安全に関する要求事項または文書の特別承認は、顧客または組織内部のプロセスによって要求され得る。
上申プロセス （escalation process）	・組織内のある問題に対して、適切な要員がその状況に対応できるように、その問題を指摘または提起するために用いられるプロセス ・例えば、製品安全に関する問題が発生した場合に、直接の上司に言っても聞いてくれないような場合の仕組みなども含まれる。

［備考］　特別承認：一般的には顧客の承認であるが、例えば社内に安全管理に関する特別の部門があって、その責任者の承認が必要というような社内ルールも考えられる。

図 5.5　製品安全、特別承認および上申プロセス（本文 p.94 参照）

ステップ	アウトプット	使用設備	手順（規定類）	評価指標
（受注プロセスから）↓				
生産計画 （毎月）	・生産計画書 ・材料発注計画	・生産管理システム、在庫管理システム	・生産管理規定	・在庫回転率 ・対前月増減数 ・設備稼働計画
↓				
材料発注 受入検査	・材料注文書 ・入荷材料 ・検査記録	・資材発注システム ・受入検査装置	・購買管理規定 ・受入検査規定 ・材料仕様書	・納期達成率 ・材料ロット不合格率
↓				
材料加工	・中間製品 ・加工記録 ・設備記録	・材料加工設備	・材料加工要領 ・加工図面	・設備故障件数 ・設備修理費用
↓				
工程内検査	・検査済中間製品 ・検査記録	・工程内検査装置	・工程内検査規定 ・検査規格	・検査不良率 ・不適合品記録 ・特別採用記録
↓				
製品組立	・組立済製品 ・作業記録 ・設備記録	・製品組立設備	・製品組立要領 ・組立図面	・機械チョコ停時間、直行率 ・設備稼働率
↓				
最終検査	・完成品 ・最終検査記録	・製品検査装置	・製品検査規定 ・製品規格	・検査不良率 ・工程能力指数 ・生産歩留率
↓				
包装・梱包	・包装済製品 ・梱包済製品	・包装装置 ・梱包装置 ・バーコード	・包装要領 ・梱包要領	・梱包・包装トラブル
↓				
製品出荷	・出荷入力 ・出荷伝票 ・納品書	・生産管理システム、出荷管理システム	・製品出荷規定 ・輸送要領	・納期達成率 ・生産リードタイム

（フォローアッププロセスへ）

［備考］　プロセスフロー図には、タートル図の要素である手順、管理項目、設備、責任部門などの欄を設けることが望ましいが、ここでは紙面の都合で省略している。

図 5.6　製造プロセスフロー図（本文 p.59 参照）

第6章 計 画

本章では、IATF 16949規格(箇条6)の"計画"について述べています。

この章のIATF 16949規格要求事項の項目は、次のようになります。

6.1	リスクおよび機会への取組み
6.1.1	(リスクおよび機会の決定)
6.1.2	(取組み計画の策定)
6.1.2.1	リスク分析
6.1.2.2	予防処置
6.1.2.3	緊急事態対応計画
6.2	品質目標およびそれを達成するための計画策定
6.2.1	(品質目標の策定)
6.2.2	(品質目標達成計画の策定)
6.2.2.1	品質目標およびそれを達成するための計画策定－補足
6.3	変更の計画

6.1 リスクおよび機会への取組み

6.1.1 （リスクおよび機会の決定）（ISO 9001 要求事項）
6.1.2 （取組み計画の策定）（ISO 9001 要求事項）

［ISO 9001 要求事項のポイント］

リスク（risk）および機会（opportunity）への取組みに関して、図6.2①〜⑥に示す事項を実施することを求めています。すなわち、リスクおよび機会への取組みを考慮した品質マネジメントシステムとすることを述べています。

リスクおよび機会への取組みのフローは図6.1に示すようになります。また、リスクへの取組みの方法には、図6.2⑤に示すような方法があります。

リスクおよび機会は、組織の外部・内部の課題（箇条4.1）および利害関係者の要求事項（箇条4.2）にもとづいて決定します。

［旧規格からの変更点］（変更の程度：大）

新規要求事項です。

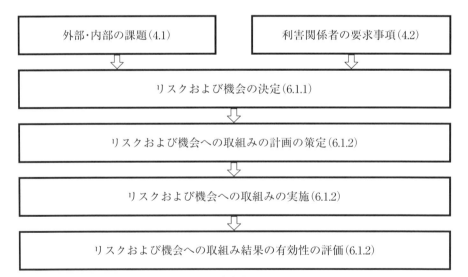

図6.1　リスクおよび機会への取組みのフロー

項　目	実施事項
リスクおよび機会の決定(6.1.1)	① 品質マネジメントシステムの計画を策定する際に、次の事項のために取り組む必要があるリスクおよび機会を決定する。 　a) 品質マネジメントシステムが、その意図した結果を達成できるという確信を与える。 　b) 望ましい影響を増大する。 　c) 望ましくない影響を防止または低減する。 　d) 改善を達成する。 ② 上記のリスクおよび機会を決定する際に、下記を考慮する。 　・4.1(組織およびその状況の理解)に規定する課題 　・4.2(利害関係者のニーズ・期待の理解)に規定する要求事項
取組み計画の策定(6.1.2)	③ 次の事項を計画する。 　a) 箇条 6.1.1 によって決定したリスクおよび機会への取組み 　b) 次の事項を行う方法 　　・その取組みの品質マネジメントシステムのプロセスへの統合および実施 　　・その取組みの有効性の評価 ④ リスクおよび機会への取組みは、製品・サービスの適合への潜在的影響と見合ったものとする。
リスクへの取組みの方法(6.1.2)	⑤ 注記1　リスクへの取組みには、下記の方法がある。 　・リスクを回避する。 　・(ある機会を追求するために)そのリスクを取る。すなわちリスクを受け入れる。 　・リスク源を除去する。 　・起こりやすさもしくは結果を変える。 　・リスクを共有する。 　・(情報にもとづいた意思決定によって)リスクを保有する。 ⑥ 注記2　機会は、次のように取り組むための、望ましくかつ実行可能な可能性につながり得る。 　・新たな慣行の採用 　・新製品の発売 　・新市場の開拓、新たな顧客への取組み 　・パートナーシップの構築 　・新たな技術の使用 　・組織のニーズ 　・顧客のニーズ

図6.2　リスクおよび機会への取組み

6.1.2.1　リスク分析（IATF 16949 追加要求事項）

[IATF 16949 追加要求事項のポイント]

リスク分析に関して、図 6.3 ①、②に示す事項を実施することを求めています。

リスク分析の対象として、図 6.3 ①に示す項目を含めること、および図 6.3 ②では、リスク分析を行った結果を記録することを求めています。

[旧規格からの変更点]（変更の程度：中）

新規要求事項です。

項　目	実施事項
リスク分析の対象 （6.1.2.1）	①　リスク分析を行う。リスク分析には下記を含める。 ・製品のリコールから学んだ教訓 ・製品監査の結果 ・市場で起きた回収・修理データ、顧客の苦情 ・製造工程におけるスクラップ（廃棄）・手直し
文書化 （6.1.2.1）	②　リスク分析の結果の証拠として、文書化した情報を保持する（記録）。

図 6.3　リスク分析

項　目	実施事項
予防処置の実施 （6.1.2.2）	①　予防処置を実施する。 ・予防処置は、起こり得る不適合が発生することを防止するために、その原因を除去する処置である。 ・予防処置は、起こり得る問題の重大度に応じたものとする。
予防処置プロセスの確立（6.1.2.2）	②　次の事項を含む、リスクの悪影響を及ぼす度合を減少させるプロセスを確立する。 　a）　起こり得る不適合およびその原因の特定 　b）　不適合の発生を予防するための処置の必要性の評価 　c）　必要な処置の決定および実施 　d）　とった処置の文書化した情報（記録） 　e）　とった予防処置の有効性のレビュー 　f）　類似プロセスでの再発を防止するための学んだ教訓の活用

図 6.4　予防処置

6.1.2.2　予防処置（IATF 16949 追加要求事項）

［ISO 9001 要求事項のポイント］

この項についての ISO 9001 の要求事項はありません。ISO 9001 規格がリスクおよび機会への取組みを考慮した品質マネジメントシステム規格となったため、旧規格の要求事項であった予防処置という項目はなくなりました。

［IATF 16949 追加要求事項のポイント］

予防処置に関して、図 6.4 ①、②に示す事項を実施することを求めています。

是正処置は、問題が起こってからとる再発防止策であるのに対して、予防処置は、起こり得る（まだ起こっていないが起こる可能性がある）不適合が発生することを防止するためにとる処置です。

IATF 16949 のねらいは、不具合の予防とばらつきと無駄の削減であり、そのための種々の追加要求事項が含まれており、予防処置という要求事項の項目は必要でないともいえますが、ISO 9001 規格から予防処置がなくなったため、IATF 16949 規格では念のため追加されたと考えるとよいでしょう。

予防処置のフローを図 6.5 に示します。

［旧規格からの変更点］（旧規格 8.5.3）（変更の程度：小）

図 6.4 ② f)が追加されました。

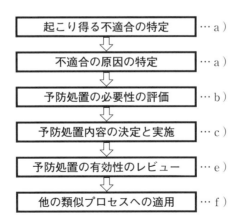

［備考］　a)〜f)は、IATF 16949 規格箇条 6.1.2.2 の項目を示す。

図 6.5　予防処置のフロー

6.1.2.3 緊急事態対応計画（IATF 16949 追加要求事項）

［IATF 16949 追加要求事項のポイント］

緊急事態対応計画（contingency plan）に関して、図 6.6 ①、②に示す事項を実施することを求めています。

項　目	実施事項
緊急事態対応計画に関する実施事項（6.1.2.3）	①　緊急事態対応計画に関して次の事項を実施する。 　a）　顧客要求事項が満たされることを確実にし、生産からのアウトプットを維持するために不可欠な、すべての製造工程・インフラストラクチャの設備に対する、内部・外部のリスクを特定し評価する。 　b）　リスクおよび顧客への影響に従って、緊急事態対応計画を定める。 　c）　次のような事態において、供給継続のために緊急事態対応計画を作成する。 　　・主要設備の故障 　　・外部から提供される製品 　　・プロセス・サービスの中断 　　・繰り返し発生する自然災害　　・火事 　　・<u>IT（情報技術）システムに対するサイバー攻撃</u> 　　・電気・ガス・水道の停止 　　・労働力不足 　　・インフラストラクチャ障害 　d）　顧客の操業に影響するいかなる状況も、その程度と期間に対して、顧客と他の利害関係者への通知プロセスを、緊急事態対応計画に含める。 　e）　定期的に緊急事態対応計画の有効性をテストする。 　f）　トップマネジメントを含む部門横断チームによって、緊急事態対応計画のレビューを行い（最低限、年次で）、必要に応じて更新する。 　g）　緊急事態対応計画を文書化する（変更を許可した人を含む）。
緊急事態対応計画に含める内容（6.1.2.3）	②　緊急事態対応計画には、次の場合の、製造された製品が引続き顧客仕様を満たすことの妥当性確認条項を含める。 　・生産が停止した緊急事態の後で生産を再稼働したとき 　・正規のシャットダウンプロセスがとられなかった場合

図 6.6　緊急事態対応計画

第 6 章　計　画

　緊急事態対応は、顧客への製品の安定供給に対するリスクへの対応方法の重要な項目の一つです。また、箇条 8.5.1.4 のシャットダウン後の検証は、この緊急事態対応計画につながるものです。

　図 6.6 ① e) では、緊急事態対応計画の有効性を定期的にテストすること、そして① f) では、緊急事態対応計画を最低限、年次でレビューすることを述べています。単に緊急事態対応計画書を作成するればよいというものではありません。

　緊急事態対応計画のフローを図 6.7 に示します。

　[旧規格からの変更点]（旧規格 6.3.2）（変更の程度：大）

　緊急事態対応計画という要求事項は旧規格でもありましたが、具体的な内容は規定されていなかっため、新規要求事項なみの大きな変更です。

```
┌──────────────┐
│ リスク分析の実施 │　・目的：顧客要求事項への適合、および生産アウトプットの維持
└──────┬───────┘　・範囲：内部・外部のリスク
       │            ・対象：すべての製造工程・インフラストラクチャの設備
       ▼
┌──────────────┐　・緊急事態対応計画の作成の目的：供給継続
│ 緊急事態対応計画 │　・緊急事態の対象：図 6.6 c) 参照
│ の作成・文書化   │　・緊急事態対応計画に含める内容：
│                │　　・顧客への通知するプロセス（程度と期間）
│                │　・次の場合の妥当性確認の方法：
│                │　　・緊急事態後の生産再稼働時
└──────┬───────┘　　・正規のシャットダウンでなかった場合
       ▼
┌──────────────┐
│ 緊急事態対応計画 │　・時期：定期的
│ の有効性のテスト │
└──────┬───────┘
       ▼
┌──────────────┐
│ 緊急事態対応計画 │　・時期：最低限年次
│ のレビュー・更新 │　・実施者：トップマネジメント、部門横断チーム
└──────────────┘
```

図 6.7　緊急事態対応計画のフロー

6.2　品質目標およびそれを達成するための計画策定

6.2.1　（品質目標の策定）（ISO 9001 要求事項）

6.2.2　（品質目標達成計画の策定）（ISO 9001 要求事項）

［ISO 9001 要求事項のポイント］

品質目標および品質目標を達成するための計画策定に関して、図6.8 ①〜⑤に示す事項を実施することを求めています。

すなわち、品質マネジメントシステムの各機能・階層・プロセスにおいて、品質目標を策定すること、および品質目標を達成するための計画を策定することを述べています。

［旧規格からの変更点］（旧規格 5.4.1）（変更の程度：中）

品質目標策定の対象に、品質マネジメントシステムの"プロセス"が追加されました。また、図6.8 ③の品質目標に対する要求事項が追加されました。

6.2.2.1　品質目標およびそれを達成するための計画策定−補足（IATF 16949 追加要求事項）

［IATF 16949 追加要求事項のポイント］

品質目標およびそれを達成するための計画策定に関して、図6.8 ⑥、⑦に示す事項を実施することを求めています。

［旧規格からの変更点］（旧規格 5.4.1.1）（変更の程度：中）

図6.8 ⑥の顧客要求事項を満たす目標、および⑦の要求事項が追加されました。なお、旧規格の"品質目標を事業計画に含める"は、なくなりました。

6.3　変更の計画（ISO 9001 要求事項）

［ISO 9001 要求事項のポイント］

品質マネジメントシステムの変更の計画に関して、図6.9 ①に示す事項を実施することを求めています。

［旧規格からの変更点］（旧規格 5.4.2）（変更の程度：小）

変更の計画に含める項目が追加されています。

項　目	実施事項
品質目標の策定 (6.2.1)	①　品質目標を確立する。 ②　品質目標は、下記において策定する。 　・品質マネジメントシステムの機能、階層、プロセス
	③　品質目標は、次の事項を満たすものとする。 　a)　品質方針と整合している。 　b)　測定可能である。 　c)　適用される要求事項を考慮に入れる。 　d)　製品・サービスの適合、および顧客満足の向上に関連する。 　e)　監視する。 　f)　伝達する。 　g)　更新する（必要に応じて）。
	④　品質目標に関する文書化した情報を維持する（文書）。
品質目標達成のための計画の策定 (6.2.2、**6.2.2.1**)	⑤　次の事項を含めた、品質目標を達成するための計画を策定する。 　a)　実施事項 　b)　必要な資源 　c)　責任者 　d)　実施事項の完了時期 　e)　結果の評価方法
	⑥　品質目標には、顧客要求事項を満たす目標を含める。 ⑦　利害関係者およびその関連する要求事項に関するレビューの結果を、次年度の品質目標および関係するパフォーマンス目標（内部および外部）を確立する際に考慮する。

図6.8　品質目標およびそれを達成するための計画策定

項　目	実施事項
変更の計画(6.3)	①品質マネジメントシステムの変更を行うときは、次の事項を考慮して、計画的な方法で行う。 　a)　変更の目的、およびそれによって起こり得る結果 　b)　品質マネジメントシステムの完全に整っている状態（integrity） 　c)　資源の利用可能性 　d)　責任・権限の割りあて、または再割りあて

図6.9　変更の計画

第7章 支援

本章では、IATF 16949(箇条7)の"支援"について述べています。

この章のIATF 16949規格要求事項の項目は、次のようになります。

7.1	資源
7.1.1	一般
7.1.2	人々
7.1.3	インフラストラクチャ
7.1.3.1	工場、施設および設備の計画
7.1.4	プロセスの運用に関する環境
7.1.4.1	プロセスの運用に関する環境－補足
7.1.5	監視および測定のための資源
7.1.5.1	一般
7.1.5.1.1	測定システム解析
7.1.5.2	測定のトレーサビリティ
7.1.5.2.1	校正・検証の記録
7.1.5.3	試験所要求事項
7.1.5.3.1	内部試験所
7.1.5.3.2	外部試験所
7.1.6	組織の知識
7.2	力量
7.2.1	力量－補足
7.2.2	力量－業務を通じた教育訓練(OJT)
7.2.3	内部監査員の力量
7.2.4	第二者監査員の力量
7.3	認識
7.3.1	認識－補足
7.3.2	従業員の動機づけおよびエンパワーメント
7.4	コミュニケーション
7.5	文書化した情報
7.5.1	一般
7.5.1.1	品質マネジメントシステムの文書類
7.5.2	作成および更新
7.5.3	文書化した情報の管理
7.5.3.1	(一般)
7.5.3.2	(文書・記録の管理)
7.5.3.2.1	記録の保管
7.5.3.2.2	技術仕様書

7.1 資源

7.1.1 一般（ISO 9001 要求事項）

7.1.2 人々（ISO 9001 要求事項）

7.1.3 インフラストラクチャ（ISO 9001 要求事項）

［ISO 9001 要求事項のポイント］

品質マネジメントシステムに必要な資源、人々およびインフラストラクチャ（infrastructure）に関して、図 7.1 ①～④に示す事項を実施することを求めています。

図 7.1 ① a）内部資源の"制約"（constraint）は、例えば資金不足、時間不足などの例が考えられます。

［旧規格からの変更点］（旧規格 6.1、6.2、6.3）（変更の程度：小）

大きな変更はありません。

項　目	実施事項
一般（7.1.1）	①　次の事項を考慮して、必要な資源を明確にし、提供する。 　　a）　既存の内部資源の実現能力および制約 　　b）　外部提供者から取得する必要があるもの
人々（7.1.2）	②　次の事項のために必要な人々を明確にし、提供する。 ・品質マネジメントシステムの効果的な実施 ・品質マネジメントシステムのプロセスの運用・管理
インフラストラクチャ（7.1.3）	③　次のために必要なインフラストラクチャを明確にし、提供し、維持する。 ・プロセスの運用 ・製品・サービスの適合達成
	④　注記　インフラストラクチャには、次の事項が含まれ得る。 　　a）　建物および関連するユーティリティ 　　b）　設備（ハードウェア・ソフトウェアを含む） 　　c）　輸送のための資源 　　d）　情報通信技術

図 7.1　品質マネジメントシステムに必要な資源

7.1.3.1　工場、施設および設備の計画（IATF 16949 追加要求事項）

［IATF 16949 追加要求事項のポイント］

　工場・施設・設備の計画に関して、図 7.2 ①～⑩に示す事項を実施することを求めています。すなわち、工場・施設・設備の計画を策定する際にはリスクを考慮すること、工場レイアウトを設計する際にはリーン生産（lean manufacturing）の原則の適用を考慮すること、製造フィージビリティ評価には生産能力計画を含めること、製造工程の有効性を維持するために定期的再評価や作業の段取り替え検証を取り入れること、そしてサイト内供給者（構内外注）についても考慮することを述べています。

［旧規格からの変更点］（旧規格 6.3.1）（変更の程度：中）

　工場・施設・設備の計画に関する具体的な内容として、図 7.2 ⑥～⑩が追加されました。

項　目	実施事項
工場、施設および設備の計画の策定（7.1.3.1）	①　工場・施設・設備の計画を策定する。 ②　その計画には、リスク特定およびリスク緩和の方法を含める。 ③　計画策定は、部門横断的アプローチ方式で行う。
工場レイアウトの設計（7.1.3.1）	④　工場レイアウトを設計する際は、次の事項を実施する。 　a）　不適合製品の管理を含む、材料の流れ、材料の取扱い、および現場スペースの付加価値のある活用の最適化 　b）同期のとれた材料の流れの促進（該当する場合には必ず） ⑤　注記 1　リーン生産の原則の適用を含めることが望ましい。
製造フィージビリティ評価および生産能力評価（7.1.3.1）	⑥　新製品および新運用に対する製造フィージビリティを評価する方法を開発し、実施する。 ⑦　製造フィージビリティ評価には、生産能力計画を含める。 ⑧　製造フィージビリティ評価および生産能力評価は、マネジメントレビューへのインプットとする。
工程の有効性の維持（7.1.3.1）	⑨　リスクに関連する定期的再評価を含めて、工程承認中になされた変更、コントロールプランの維持、および作業の段取り替え検証を取り入れるために、工程の有効性を維持する。
サイト内供給者への適用（7.1.3.1）	⑩　注記 2　サイト内供給者の活動に適用することが望ましい（該当する場合には必ず）。

図 7.2　工場、施設および設備の計画

7.1.4 プロセスの運用に関する環境(ISO 9001 要求事項＋IATF 16949 追加要求事項)

［ISO 9001 要求事項のポイント］＋［IATF 16949 追加要求事項のポイント］
作業環境に関して、図 7.3 ①～④に示す事項を実施することを求めています。
［旧規格からの変更点］（旧規格 6.4）（変更の程度：小）
作業環境の対象に、図 7.3 ①のプロセスの運用、および要員の安全に関して④の ISO 45001 が追加されましたが、大きな変更はありません。

7.1.4.1 プロセスの運用に関する環境－補足(IATF 16949 追加要求事項)
［IATF 16949 追加要求事項のポイント］
プロセスの運用に関する環境に関して、図 7.3 ⑤に示す事項を実施することを求めています。
［旧規格からの変更点］（旧規格 6.4.2）（変更の程度：小）
大きな変更はありません。

項　目	実施事項
プロセス・製品の運用に関する環境 (7.1.4)	①　次のために必要な環境を明確にし、提供し、維持する。 　・プロセスの運用 　・製品・サービスの適合 ②　注記　適切な環境は、次のような人的・物理的要因の組合せがある。 　a) 社会的要因（例　非差別的、平穏、非対立的） 　b) 心理的要因（例　ストレス軽減、燃え尽き症候群防止、心のケア） 　c) 物理的要因（例　気温・熱・湿度・光・気流・衛生状態・騒音） ③　これらの要因は、提供する製品・サービスによって異なる。
要員の安全(7.1.4)	④　注記　ISO 45001（労働安全衛生マネジメントシステム、またはそれに相当するもの）への第三者認証は、この要求事項の要員安全の側面に対する組織の適合を実証するために用いてもよい。
事業所の整頓・清潔 (7.1.4.1)	⑤　製品・製造工程のニーズにあわせて、事業所を整頓され、清潔で手入れされた状態に維持する。

図 7.3　プロセスの運用に関する環境

第 7 章 支援

7.1.5 　監視および測定のための資源

7.1.5.1 　一般（ISO 9001 要求事項）

［ISO 9001 要求事項のポイント］

　監視・測定のための資源（いわゆる監視・測定機器）に関して、図 7.4 ①～③に示す事項を実施することを求めています。すなわち、必要な監視機器・測定機器を明確にして、適切に管理することを述べています。

　［旧規格からの変更点］（旧規格 7.6）（変更の程度：小）

　大きな変更はありません。

7.1.5.2 　測定のトレーサビリティ（ISO 9001 要求事項＋ IATF 16949 追加要求事項）

［ISO 9001 要求事項のポイント］

　測定のトレーサビリティ（traceability）に関して、図 7.4 ④～⑥に示す事項を実施することを求めています。

　監視機器・測定機器のうち測定機器に関しては、定期的に校正または検証を行うこと、およびトレーサビリティを確保することを述べています。そして、測定機器の校正外れが判明した場合、それまでに測定した結果の妥当性の評価を行って、適切な処置をとることを述べています。

　［旧規格からの変更点］（旧規格 7.6）（変更の程度：小）

　大きな変更はありません。

［IATF 16949 追加要求事項のポイント］

　測定のトレーサビリティに関して、図 7.4 ⑦を実施することを述べています。

　［旧規格からの変更点］（旧規格 7.6）（変更の程度：小）

　大きな変更はありません。

7.1.5.2.1 　校正・検証の記録（IATF 16949 追加要求事項）

［IATF 16949 追加要求事項のポイント］

　校正・検証の記録に関して、図 7.5 ①～③に示す事項を実施することを求め

ています。校正・検証の記録を管理する文書化したプロセスを求めています。

　これには、測定機器の校正外れまたは故障が発見された場合の過去の測定結果の妥当性評価、サイト内供給者所有の測定機器の管理、および生産に関係するソフトウェアの検証なども含まれます。

項　目	実施事項
監視・測定機器の管理(7.1.5.1)	① 製品・サービスの適合を検証するために監視・測定を行う場合、結果が妥当で信頼できることを確実にするために必要な資源(監視・測定機器)を明確にし、提供する。 ② 監視・測定機器が、次の事項を満たすことを確実にする。 　a) 実施する特定の種類の監視・測定活動に対して適切である。 　b) 目的に継続して合致することを確実にするために維持する。 ③ 監視・測定のための資源が目的と合致している証拠として、適切な文書化した情報を保持する(記録)。
測定のトレーサビリティ(7.1.5.2)	④ 次の場合は、測定機器はトレーサビリティを満たすようにする。 　・測定のトレーサビリティが要求事項となっている場合 　・組織がそれを測定結果の妥当性に信頼を与えるための不可欠な要素とみなす場合 ⑤ 測定機器は、次の事項を満たすようにする。 　a) 定められた間隔でまたは使用前に、国際計量標準・国家計量標準に対してトレーサブルな計量標準に照らして、校正または検証を行う。 　　・そのような標準が存在しない場合には、校正・検証に用いた根拠を、文書化した情報として保持する(記録)。 　b) それらの状態を明確にするために識別を行う。 　c) 校正の状態およびそれ以降の測定結果が無効になるような、調整・損傷・劣化から保護する。
	⑥ 測定機器が意図した目的に適していないことが判明した場合(測定機器の校正外れがわかった場合)、それまでに測定した結果の妥当性を損なうものであるか否かを明確にし、適切な処置をとる。 ⑦ 注記　機器の校正記録に対してトレーサブルな番号または他の識別子は、要求事項を満たす。

図 7.4　監視・測定機器の管理およびトレーサビリティ

第7章　支　援

[旧規格からの変更点]（旧規格 7.6.2）（変更の程度：中）

図 7.5 ③ c)、d)、g)、i) などの、校正・検証の記録の具体的な内容が追加されています。ソフトウェアやサイト内供給者も含まれています。

項　目	実施事項
校正・検証記録の管理プロセス （7.1.5.2.1）	① 校正・検証の記録を管理する文書化したプロセスをもつ。
校正・検証の対象と記録（7.1.5.2.1）	② 内部要求事項、法令・規制要求事項、および顧客が定めた要求事項への適合の証拠を提供するために必要な、すべてのゲージ・測定機器・試験設備に対する校正・検証の記録を保持する。 ・従業員所有の測定機器、顧客所有の測定機器、サイト内供給者所有の測定機器を含む。
校正・検証の活動と記録（7.1.5.2.1）	③ 校正・検証の活動と記録には、次の事項を含める。 　a) 測定システムに影響する、設計変更による改訂 　b) 校正・検証のために受け入れた状態で、仕様外れの値 　c) 仕様外れ状態によって起こり得る、製品の意図した用途に対するリスクの評価 　d) 検査・測定・試験設備が、計画した検証・校正、またはその使用中に、校正外れまたは故障が発見された場合、この検査測定・試験設備によって得られた以前の測定結果の妥当性に関する文書化した情報を、校正報告書に関連する標準器の最後の校正を行った日付、および次の校正が必要になる期限を含めて保持する（記録）。 　e) 疑わしい製品・材料が出荷された場合の顧客への通知 　f) 校正・検証後の、仕様への適合表明 　g) 製品・製造工程の管理に使用されるソフトウェアのバージョンが指示どおりであることの検証 　h) すべてのゲージに対する校正・保全活動の記録 　　・従業員所有の機器、顧客所有の機器、サイト内供給者所有の機器を含む。 　i) 製品・製造工程の管理に使用される、生産に関係するソフトウェアの検証 　　・従業員所有の機器、顧客所有の機器、サイト内供給者所有の機器にインストールされたソフトウェアを含む。

図 7.5　校正・検証の記録

7.1.5.1.1　測定システム解析(IATF 16949 追加要求事項)

[IATF 16949 追加要求事項のポイント]

測定システム解析(MSA、measurement system analysis)に関して、図7.6①～⑤に示す事項を実施することを求めています。

測定結果は正しいと考えられがちですが、測定結果には、製品の変動(ばらつき)だけでなく、測定システムの変動も含まれています。測定器、測定者、測定方法、測定環境などの測定システムの要因によって、測定データに変動が出るのが一般的です。したがって、測定システム全体としての変動がどの程度存在するのかを統計的に調査し、測定システムが製品やプロセスの特性の測定に適しているかどうかを判定する方法が測定システム解析です(図7.7 参照)。

[旧規格からの変更点]　(旧規格 7.6.1)(変更の程度:小)

大きな変更はありません。

項　目	実施事項
MSA 実施の対象 (7.1.5.1.1)	①　コントロールプランに特定されている各種の検査・測定・試験設備システムの結果に存在するばらつきを解析するために、統計的調査(測定システム解析、MSA)を実施する。
MSA 解析の方法 (7.1.5.1.1)	②　測定システム解析で使用する解析方法および合否判定基準は、MSA 参照マニュアルに適合するようにする。 ・ただし、顧客が承認した場合は、他の解析方法・合否判定基準を使用してもよい。 ③　代替方法に対する顧客承認の記録は、代替の測定システム解析の結果とともに保持する(記録)。
MSA 解析の優先順位(7.1.5.1.1)	④　注記　MSA 調査の優先順位は、製品・製造工程の重大特性(critical characteristics)または特殊特性(special characteristics)を重視することが望ましい。

図 7.6　測定システム解析

特性の変動(実際の値) ＋ 測定システムの変動(測定器・測定者・測定環境など) ⇒ 測定結果の変動(測定値)

図 7.7　測定システム変動の測定結果への影響

7.1.5.3　試験所要求事項
7.1.5.3.1　内部試験所（IATF 16949 追加要求事項）

［IATF 16949 追加要求事項のポイント］

　試験所（laboratory）とは、検査、試験または測定機器の校正を行う場所（施設）のことです。製品の完成検査や、検査室での精密検査だけではなく、受入検査や、工程内検査、定期的な検査・試験も含まれます。試験所は、この要求事項で規定されている管理が必要となります。内部試験所（組織内部の試験所）と外部試験所（組織外部の試験所）があります。

　内部試験所に関して、図 7.8 ①～④に示す事項を実施することを求めています。

　試験所適用範囲（laboratory scope）とは、試験所が実施する特定の試験・評価・校正の内容、設備のリスト、方法・規格のリストなどを含む管理文書をいいます。

［旧規格からの変更点］（旧規格 7.6.3.1）（変更の程度：小）

図 7.8 ③ d)の国家標準・国際標準のない検証と、e)が追加されています。

項　目	実施事項
試験所適用範囲 （7.1.5.3.1）	①　組織内部の試験所施設は、要求される検査・試験・校正サービスを実行する能力を含む、定められた適用範囲をもつ。 ②　試験所適用範囲は、品質マネジメントシステム文書に含める。
試験所要求事項 （7.1.5.3.1）	③　試験所は、次の事項を含む要求事項を規定し、実施する。 　a)　試験所の技術手順の適切性 　b)　試験所要員の力量 　c)　製品の試験 　d)　該当するプロセス規格（ASTM、EN などのような）にトレーサブルな形で、これらのサービスを正確に実行する能力 　　・国家標準・国際標準が存在しない場合、測定システムの能力を検証する手法を定めて実施する。 　e)　顧客要求事項（該当する場合） 　f)　関係する記録のレビュー
ISO/IEC 17025 認定 （7.1.5.3.1）	④　注記　ISO/IEC 17025（またはそれに相当するもの）に対する第三者認定を、組織の内部試験所がこの要求事項に適合していることの実証に使用してもよい。

図 7.8　内部試験所

7.1.5.3.2　外部試験所（IATF 16949 追加要求事項）

[IATF 16949 追加要求事項のポイント]

外部試験所に関して、図7.9①～⑤に示す事項を実施することを求めています。

なお、例えば組織の関連事業所が試験所に相当する場合において、その関連事業所がIATF 16949の認証範囲に含まれる場合は内部試験所となり、IATF 16949の認証範囲に含まれない場合は、外部試験所となります。

ISO/IEC 17025（JIS Q 17025）は、試験所・校正機関が正確な測定・校正結果を生み出す能力があるかどうかを、第三者認定機関が認定する規格です。

[旧規格からの変更点]　（旧規格7.6.3.2）（変更の程度：小）

図7.9②の"校正または試験報告書の認証書は、国家認定機関のマークを含む"が追加されました。また④は、注記から要求事項変わり、⑤が追加されました。

項　目	実施事項
試験所適用範囲 （7.1.5.3.2）	①　検査・試験・校正サービスに使用する、外部・商用・独立の試験所施設は、要求される検査・試験・校正を実行する能力を含む、定められた試験所適用範囲をもつ。
試験所要求事項 （7.1.5.3.2）	②　外部試験所は、次の事項のいずれかを満たす。 ・試験所は、ISO/IEC 17025またはこれに相当する国内基準に認定され、該当する検査・試験・校正サービスを認定（認証書）の適用範囲に含める。 ・校正・試験報告書の認証書は、国家認定機関のマークを含む。 ・外部試験所が顧客に受け入れられることの証拠が求められる。
ISO/IEC 17025 認定 （7.1.5.3.2）	③　注記　そのような証拠は、例えば、試験所がISO/IEC 17025またはこれに相当する国内基準の意図を満たすとの顧客評価、または顧客が認めた第二者評価によって実証してもよい。 ・顧客が認めた評価方法を使用して試験所を評価する組織によって第二者評価を実行してもよい。
機器の製造業者 による校正 （7.1.5.3.2）	④　ある機器に対して認定された試験所を利用できない場合、校正サービスは、機器の製造業者によって実行してもよい。この場合、7.1.5.3.1 内部試験所の要求事項を満たすことを確実にする。
認定試験所以外 による校正 （7.1.5.3.2）	⑤　校正サービスが、認定された（または顧客が認めた）試験所以外によって行われる場合、政府規制の確認の対象となる場合がある。

図7.9　外部試験所

7.1.6　組織の知識（ISO 9001 要求事項）

［ISO 9001 要求事項のポイント］

　プロセスの運用および製品・サービスの適合のために必要な知識（knowledge）に関して、図 7.10 ①～⑤に示す事項を実施することを求めています。

　旧規格の箇条 6.2.2 は、ある仕事をしている人に要求される力量は何かを明確にして、その力量がもてるように処置を行うという、個人ベースの内容でした（図 7.11 参照）。新規格では、組織として、プロセスの運用や製品・サービスの適合のために必要な知識を明確にして確保することを求めています。

　なお、知識と後述の箇条 7.3 認識との区別が必要となります。簡単にいうと、次のようになります。

　・知識（knowledge）：知ること、知っている内容
　・認識（awareness）：ある物事を知り、その本質・意義などを理解すること

［旧規格からの変更点］（変更の程度：大）

新規要求事項です。

項　目	実施事項
必要な知識の明確化(7.1.6)	①　次の事項ために必要な知識を明確にする。 　・プロセスの運用 　・製品・サービスの適合の達成 ②　この知識を維持し、必要な範囲で利用できる状態にする。
新しい知識(7.1.6)	③　変化するニーズと傾向に取り組む場合、現在の知識を考慮し、必要な追加の知識と要求される更新情報を得る方法またはそれらにアクセスする方法を決定する。
知識の獲得(7.1.6)	④　注記 1　組織の知識は、組織に固有な知識であり、それは一般的に経験によって得られる。それは、組織の目標を達成するために使用し、共有する情報である。 ⑤　注記 2　組織の知識は、次の事項にもとづいたものであり得る。 　a）　内部資源…知的財産・経験から得た知識、成功プロジェクト・失敗から学んだ教訓、文書化していない知識・経験の取得・共有、プロセス・製品・サービスにおける改善の結果など 　b）　外部資源…標準、学界、会議、顧客などの外部の提供者から収集した知識など

図 7.10　組織の知識

7.2 力 量（ISO 9001 要求事項）

［ISO 9001 要求事項のポイント］

力量（competence）に関して、図 7.12 ①、②を実施することを求めています（図 7.11 参照）。また力量レベルを示す力量マップの例を図 7.23（p.135）に示します。

［旧規格からの変更点］（旧規格 6.2.2）（変更の程度：小）

図 7.12 ②の処置の例が追加されました。

7.2.1　力量－補足（IATF 16949 追加要求事項）

［IATF 16949 追加要求事項のポイント］

力量に関して、図 7.12 ③、④を実施することを求めています。教育訓練のニーズと必要な力量を明確にするプロセスの文書化が求められています。

［旧規格からの変更点］（旧規格 6.2.2.2）（変更の程度：小）

大きな変更はありません。

7.2.2　力量－業務を通じた教育訓練（OJT）（IATF 16949 追加要求事項）

［IATF 16949 追加要求事項のポイント］

業務を通じた教育訓練（OJT）に関して、図 7.13 ①～⑤に示す事項を実施することを求めています。なお、OJT の対象には契約・派遣社員も含めます。

［旧規格からの変更点］（旧規格 6.2.2.3）（変更の程度：小）

図 7.13 ①、②、④が追加されました。

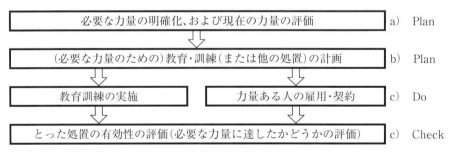

［備考］　a)～c)は IATF 19649 規格箇条 7.2 の項目を示す。

図 7.11　力量と教育訓練

項　目	実施事項
力量と教育訓練 (7.2)	① 力量に関して、次の事項を行う。 　a） 品質マネジメントシステムのパフォーマンスと有効性に影響を与える業務をその管理下で行う人々に必要な力量を明確にする。 　b） 適切な教育・訓練・経験にもとづいて、それらの人々が力量を備えていることを確実にする。 　c） 必要な力量を身につけるための処置をとり、とった処置の有効性を評価する(該当する場合には必ず)。 　d） 力量の証拠として、文書化した情報を保持する(記録)。
	② 注記　上記①c)の処置の例： ・現在雇用している人々に対する、教育訓練の提供、指導の実施、配置転換の実施など ・力量を備えた人々の雇用、そうした人々との契約締結
教育訓練プロセスの確立 (7.2.1)	③ 製品・プロセス要求事項への適合に影響する活動に従事するすべての要員の、教育訓練のニーズと達成すべき力量(認識を含む)を明確にする文書化したプロセスを確立し、維持する。 ④ 顧客要求事項を満たすことに特に配慮して、特定の業務に従事する要員の適格性確認する。

図 7.12　力量と教育訓練

項　目	実施事項
OJT の 対 象 (7.2.2)	① 品質要求事項への適合、内部要求事項、規制・法令要求事項に影響する、新規または変更された責任を負う要員に対し、業務を通じた教育訓練(OJT)を行う。 ② OJT の内容には、顧客要求事項の教育訓練も含まれる。 ③ OJT の対象には、契約・派遣の要員を含める。
OJT のレベル (7.2.2)	④ 業務を通じた教育訓練(OJT)に対する詳細な要求レベルは、要員が有する教育および日常業務を実行するために必要な任務の複雑さのレベルに見あうものとする。 ⑤ 品質に影響し得る仕事に従事する要員には、顧客要求事項に対する不適合の因果関係について知らせる。

図 7.13　業務を通じた教育訓練(OJT)

7.2.3 内部監査員の力量（IATF 16949 追加要求事項）

［IATF 16949 追加要求事項のポイント］

内部監査員の力量に関して、図7.14 ①～⑦に示す事項を実施することを求めています。

内部監査員の力量確保の文書化したプロセスが求められています。

項　目	実施事項
内部監査員の力量確保のプロセス (7.2.3)	① 組織によって規定された要求事項および顧客固有の要求事項を考慮に入れて、内部監査員が力量をもつことを検証する文書化したプロセスをもつ。 ② 監査員の力量に関する手引は、ISO 19011（マネジメントシステム監査のための指針）を参照 ③ 内部監査員のリストを維持する。
内部監査員の力量 (7.2.3)	④ 品質マネジメントシステム監査員は、最低限次の力量を実証する。 　a) 監査に対する自動車産業プロセスアプローチの理解（リスクにもとづく考え方を含む） 　b) 顧客固有要求事項の理解 　c) ISO 9001 規格および IATF 16949 規格要求事項の理解 　d) コアツールの理解 　e) 監査の計画・実施・報告、および監査所見の方法の理解
内部監査員力量の維持・改善 (7.2.3)	f) 年間最低回数の監査の実施 　g) 要求事項の知識の維持 　・内部変化（製造工程技術・製品技術など） 　・外部変化（ISO 9001、IATF 16949、コアツール、顧客固有要求事項など）
製造工程監査員の力量(7.2.3)	⑤ 製造工程監査員は、最低限、監査対象となる該当する製造工程の、工程リスク分析（例えば、PFMEA）およびコントロールプランを含む、専門的理解を実証する。
製品監査員の力量 (7.2.3)	⑥ 製品監査員は、最低限、製品の適合性を検証するために、製品要求事項の理解、および測定・試験設備の使用に関する力量を実証する。
トレーナーの力量 (7.2.3)	⑦ 組織の人が、内部監査員の力量獲得のための教育訓練を行う場合は、上記要求事項を備えたトレーナーの力量を実証する文書化した情報を保持する（記録）。

図 7.14　内部監査員の力量

品質マネジメントシステム監査員、製造工程監査員および製品監査員の3種類の内部監査員の力量の実証、力量の維持・向上、内部監査員のトレーナーの力量の実証が求められています。なお、内部監査員の力量に関しては、本書の3.3節もあわせて参照ください。

［旧規格からの変更点］（旧規格 8.2.2.5）（変更の程度：大）

新規要求事項です。内部監査員のトレーナーの力量の実証も含まれています

7.2.4　第二者監査員の力量（IATF 16949 追加要求事項）

［IATF 16949 追加要求事項のポイント］

内部監査員と同様、供給者に対する監査を実施する第二者監査員の力量に関して、図 7.15 ①、②に示す事項を実施することを求めています。

IATF 16949 の要求事項やコアツールの力量だけでなく、内部監査員の力量に加えて、監査対象となる供給者の製造工程（プロセス FMEA やコントロールプランを含む）の力量などが追加されています。

［旧規格からの変更点］（変更の程度：大）

新規要求事項です。

項　目	実施事項
第二者監査員の力量（7.2.4）	①　第二者監査を実施する監査員の力量を実証する。 ②　第二者監査員は、監査員の適格性確認に対する顧客固有要求事項を満たし、次の事項の理解を含む、最低限次の力量を実証する。 　a）監査に対する自動車産業プロセスアプローチ（リスクにもとづく考え方を含む） 　b）顧客・組織の固有要求事項 　c）ISO 9001 および IATF 16949 規格要求事項 　d）監査対象の製造工程（プロセス FMEA・コントロールプランを含む） 　e）コアツール要求事項 　f）監査の計画・実施、監査報告書の準備、監査所見完了方法

図 7.15　第二者監査員の力量

7.3 認 識（ISO 9001 要求事項）

［ISO 9001 要求事項のポイント］

認識（awareness）に関して、図7.16 ①に示す事項を実施することを求めています。

［旧規格からの変更点］（旧規格 6.2.2）（変更の程度：小）

認識という新たな要求事項が設けられました。また、認識の内容が具体的になりました。

認識と知識の相違については、本書の7.1.6 項（p.123）を参照ください。

7.3.1 認識－補足（IATF 16949 追加要求事項）

［IATF 16949 追加要求事項のポイント］

図7.16 ②の要求事項が追加されました。

すべての従業員が、活動の重要性を認識することを実証する、文書化した情報を維持する（文書の作成）が要求されています。

［旧規格からの変更点］（旧規格 6.2.2.4）（変更の程度：中）

図7.16 ②が追加されました。

7.3.2 従業員の動機づけおよびエンパワーメント（IATF 16949 追加要求事項）

［IATF 16949 追加要求事項のポイント］

従業員の動機づけ（motivation）およびエンパワーメント（empowerment）に関して、図7.16 ③、④に示す事項を実施することを求めています。

従業員を動機づける文書化したプロセスが求められています。

［旧規格からの変更点］（旧規格 6.2.2.4）（変更の程度：小）

図7.16 ③従業員を動機づける文書化したプロセスが追加されました。

7.4 コミュニケーション（ISO 9001 要求事項）

［ISO 9001 要求事項のポイント］

内部（社内）および外部（顧客など）とのコミュニケーションに関して、図7.17 ①、②に示す事項を実施することを求めています。

第 7 章 支　援

項　目	実施事項
認識 （7.3、7.3.1）	①　組織の管理下で働く人々が、次の認識をもつことを確実にする。 　　a）　品質方針 　　b）　関連する品質目標 　　c）　品質マネジメントシステムの有効性に対する自らの貢献 　　　　（パフォーマンスの向上によって得られる便益を含む） 　　d）　品質マネジメントシステム要求事項に適合しないことの意味
	②　すべての従業員が、次の活動の重要性を認識することを実証する、文書化した情報を維持する（文書）。 　・製品品質に及ぼす影響 　　―顧客要求事項および不適合製品に関わるリスクを含む。 　・品質を達成し、維持し、改善すること
従業員の動機づけおよびエンパワーメント （7.3.2）	③　品質目標を達成し、継続的改善を行い、革新を促進する環境を創り出す、従業員を動機づける文書化したプロセスを維持する。 ④　そのプロセスには、組織全体にわたって品質および技術的認識を促進することを含める。

図 7.16　認識

項　目	実施事項
コミュニケーション（7.4）	①　品質マネジメントシステムに関連する、内部・外部のコミュニケーションを決定する。 ②　内部・外部のコミュニケーションには、次の事項を含む。 　　a）　コミュニケーションの内容 　　b）　コミュニケーションの実施時期 　　c）　コミュニケーションの相手 　　d）　コミュニケーションの方法 　　e）　コミュニケーションを行う人

図 7.17　内部・外部とのコミュニケーション

　なお、外部コミュニケーションの中心をなす顧客とのコミュニケーションについては、箇条 8.2.1（p.140）において詳しく述べています。

　［旧規格からの変更点］（旧規格 5.5.3）（変更の程度：小）
　内部・外部のコミュニケーションに対する要求事項が具体的になりました。

7.5 文書化した情報

7.5.1 一般(ISO 9001 要求事項)

[ISO 9001 要求事項のポイント]

品質マネジメントシステムの文書に関して、図 7.18 ①、②に示す事項を実施することを求めています。

[旧規格からの変更点]　(旧規格 4.2.1)(変更の程度：小)

次の3つの変更があります。

・品質マニュアルの文書化の要求がなくなった(ただし、箇条 7.5.1.1 のように、IATF 16949 では要求している)。これは、第1章で述べたように、ISO 9001 規格が、文書重視の規格から、パフォーマンス(結果)重視の規格に変わったためと考えられます。
・文書管理、記録の管理、不適合製品の管理、内部監査、是正処置および予防処置の6つの手順書の要求がなくなった。
・文書および記録という用語が、"文書化した情報"という用語に統一された。"文書化した情報を維持する"は文書を意味し、"文書化した情報を保持する"は記録を意味する。

7.5.1.1　品質マネジメントシステムの文書類(IATF 16949 追加要求事項)

[IATF 16949 追加要求事項のポイント]

品質マネジメントシステムの文書に関して、図 7.19 ①〜③に示す事項を実施することを求めています。

ISO 9001 では要求事項ではなくなった品質マニュアルの作成を求めています。品質マニュアルは、一つの文書でも一連の文書でもよく、また、印刷物でも電子版でもよいことになりました。なお、一連の文書が使用される場合は、品質マニュアルを構成する文書のリストを保持(記録)することが必要です。

プロセスと要求事項との対応表(マトリックス)の例については、図 2.14 (p.58)を参照ください。

[旧規格からの変更点]　(旧規格 4.2.2)(変更の程度：小)

大きな変更はありません。

項　目	実施事項
品質マネジメントシステムの文書 (7.5.1)	①　品質マネジメントシステムの文書には、下記を含む。 　a）　ISO 9001 規格が要求する文書化した情報 　b）　品質マネジメントシステムの有効性のために必要であると、組織が決定した文書化した情報
文書化の程度 (7.5.1)	②　注記　品質マネジメントシステムの文書化した情報の程度は、次のような理由によって、それぞれの組織で異なる場合がある。 ・組織の規模・活動・プロセス・製品・サービスの種類 ・プロセスとその相互作用の複雑さ ・人々の力量

図 7.18　品質マネジメントシステムの文書

項　目	実施事項
品質マニュアルの構成 (7.5.1.1)	①　品質マネジメントシステムは文書化し品質マニュアルに含める。 ・品質マニュアルは一連の文書（電子版または印刷版）でもよい。 ・品質マニュアルの様式と構成は、組織の規模・文化・複雑さによって決まる。 ・一連の文書が使用される場合、品質マニュアルを構成する文書のリストを保持する。
品質マニュアルに含める内容 (7.5.1.1)	②　品質マニュアルには、次の事項を含める。 　a）　品質マネジメントシステムの適用範囲 　　・（適用除外がある場合）適用除外の詳細と正当化理由 　b）　品質マネジメントシステムについて確立された、文書化したプロセス、またはそれらを参照できる情報 　c）　プロセスとそれらの順序・相互作用（インプット・アウトプット）。 　　・アウトソースしたプロセスの管理の方式と程度を含む。 　d）　品質マネジメントシステム（品質マニュアルなど）の中のどこで、顧客固有要求事項に取り組んでいるかを示す文書（例えば、表、リストまたはマトリックス）
要求事項とプロセスの対応 (7.5.1.1)	③　注記　IATF 16949 規格の要求事項と組織のプロセスとのつながりを示すマトリックスを利用してもよい（図 2.14、p.58 参照）。

図 7.19　品質マニュアル

7.5.2　作成および更新（ISO 9001 要求事項）

［ISO 9001 要求事項のポイント］

　文書の作成および更新に関して、図 7.20 ①に示す事項を実施することを求めています。

　［旧規格からの変更点］（旧規格 4.2.3）（変更の程度：小）

　文書管理および記録の管理に関する手順書の要求はなくなりました（ただし、IATF 16949 では要求しています）。

7.5.3　文書化した情報の管理

7.5.3.1　（一般）（ISO 9001 要求事項）
7.5.3.2　（文書・記録の管理）（ISO 9001 要求事項）

［ISO 9001 要求事項のポイント］

　文書化した情報の管理に関して、図 7.20 ②〜⑥に示す事項を実施することを求めています。

　［旧規格からの変更点］（旧規格 4.2.3、4.2.4）（変更の程度：小）

　記録は文書に含まれました。

　また、図 7.20 ④アクセスの説明が追加されました。

7.5.3.2.1　記録の保管（IATF 16949 追加要求事項）

［IATF 16949 追加要求事項のポイント］

　記録の管理に関して、図 7.20 ⑦〜⑩に示す事項を実施することを求めています。

　記録保管方針の文書化を求めています。

　［旧規格からの変更点］（旧規格 4.2.4.1）（変更の程度：小）

　図 7.20 ⑦記録保管方針の文書化が追加されました（従来の記録の管理手順に相当）。

　また図 7.20 ⑨が追加され、生産部品承認（PPAP）、治工具の管理記録、製品設計・工程設計の記録、購買注文書、契約書などの重要な記録は、製品が生産・サービスされている期間プラス 1 年間保管することが明確になりました。

項　目	実施事項
文書の作成・更新 (7.5.2)	① 文書化した情報を作成・更新する際、次の事項を確実にする。 　a) 識別・記述…タイトル、日付、作成者、参照番号など 　b) 適切な形式…例えば、言語、ソフトウェアの版、図表、および媒体(例えば、紙・電子媒体)など 　c) 適切性および妥当性に関する、適切なレビュー・承認
文書の管理 (7.5.3.1)	② 品質マネジメントシステムおよびISO 9001規格で要求されている文書化した情報は、次の事項を確実にするために管理する。 　a) 文書化した情報が、必要なときに、必要なところで、入手可能かつ利用に適した状態である。 　b) 文書化した情報が十分に保護されている。例えば、機密性の喪失、不適切な使用および完全性の喪失からの保護 ③ 次の行動に取り組む(該当する場合には必ず)。 　a) 配付・アクセス・検索・利用 　b) 保管・保存(読みやすさが保たれることを含む) 　c) 変更の管理。例えば、版の管理 　d) 保持・廃棄 ④ 注記　アクセスとは、文書化した情報の閲覧許可の決定、または文書化した情報の閲覧・変更許可・権限の決定を意味し得る。
外部文書の管理 (7.5.3.2)	⑤ 品質マネジメントシステムの計画と運用のために組織が必要と決定した、外部からの文書化した情報は、特定し、管理する。
記録の管理 (7.5.3.2、7.5.3.2.1)	⑥ 適合の証拠として保持する文書化した情報は、意図しない改変から保護する。 ⑦ 記録保管方針を定め、文書化し、実施する。 ⑧ 記録の管理は、法令・規制・組織・顧客要求事項を満たす。 ⑨ 次の記録は、製品が生産・サービス要求事項に対して有効である期間に加えて1暦年、保持する。(ただし、顧客または規制当局によって規定されたときは、この限りでない)。 ・生産部品承認 ・治工具の記録(保全・保有者を含む) ・製品設計・工程設計の記録 ・購買注文書(該当する場合には必ず) ・契約書(修正事項を含む) ⑩ 注記　生産部品承認の文書化した情報には、承認された製品、設備の記録、または承認された試験データを含めてもよい。

図7.20　文書の管理

7.5.3.2.2 技術仕様書(IATF 16949 追加要求事項)

[IATF 16949 追加要求事項のポイント]

顧客の技術仕様書への対応に関して、図7.21①～⑥に示す事項を実施することを求めています。

顧客の技術仕様書の管理の文書化したプロセスを求めています。

顧客の技術仕様書が変更された場合、タイムリーな内容確認(10稼働日以内)、コントロールプラン、リスク分析(FMEAのような)など、PPAP(生産部品承認プロセス)文書に影響する場合、顧客のPPAP承認が必要です。

顧客の技術仕様書への対応のフローは、図7.22のようになります。

[旧規格からの変更点](旧規格 4.2.3.1)(変更の程度：小)

図7.21①顧客の技術仕様書の管理の文書化したプロセスを求めています。

図7.21⑤顧客の技術仕様書のレビューの所用期間は、旧規格では稼働2週間以内が要求事項でしたが、"10稼働日内の完了が望ましい"という推奨事項に変わりました。

項　目	実施事項
顧客の技術仕様書の管理手順(7.5.3.2.2)	①　顧客のすべての技術規格・仕様書および関係する改訂に対して、顧客スケジュールにもとづいて、レビュー・配付・実施を記述した文書化したプロセスをもつ。
技術仕様書の変更管理(7.5.3.2.2)	②　技術規格・仕様書の変更が、製品設計変更になる場合は、8.3.6(設計・開発の変更)の要求事項を参照する。 ③　技術規格・仕様書の変更が、製品実現プロセスの変更になる場合は、8.5.6.1(変更の管理)の要求事項を参照する。
技術仕様書の管理スケジュール(7.5.3.2.2)	④　生産において実施された変更の日付の記録を保持する。 ・実施には、更新された文書を含める。 ⑤　レビューは、技術規格・仕様書の変更を受領してから、10稼働日内に完了することが望ましい。
顧客承認(7.5.3.2.2)	⑥　注記　技術規格・仕様書の変更は、仕様書が設計記録に引用されている、または、コントロールプラン、リスク分析(FMEAのような)のような、生産部品承認プロセス文書に影響する場合、顧客の生産部品承認の更新された記録が要求される場合がある。

図7.21　顧客の技術仕様書

第 7 章　支　援

```
┌─────────────────┐
│ 技術仕様書の入手 │　・変更内容のレビュー
└────────┬────────┘
         ▽
┌─────────────────┐
│ 変更管理の実施   │　・製品設計変更・製造工程の変更など
└────────┬────────┘　・タイムリーな内容確認（10稼働日以内）
         ▽
┌─────────────────┐
│ 社内文書の改訂   │　・顧客の技術仕様書の変更に関連した、社内文書の
└────────┬────────┘　　改訂
         ▽
┌─────────────────────┐
│ 社内文書の改訂に対する、│　・コントロールプラン、FMEAなどの製品承認プ
│ 顧客の承認             │　　ロセス（PPAP）の文書に影響する場合は、顧客の
└────────┬────────────┘　　承認を取得
         ▽
┌─────────────────────┐
│ 変更内容の生産への反映 │　・生産上の変更日付を記録
└─────────────────────┘
```

図 7.22　顧客の技術仕様書への対応

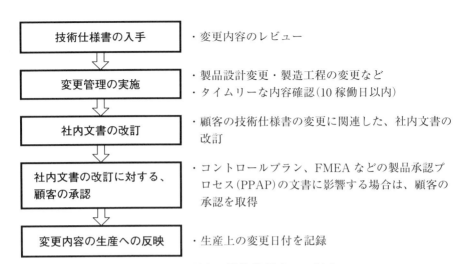

[備考]　レベル1(無印)：力量がない、レベル2(○印)：監督下で仕事ができる、
　　　　レベル3(◎印)：任務を遂行できる、レベル4(●印)：他の人を訓練できる

図 7.23　力量マップ(例)

135

第8章 運 用

本章では、IATF 16949(箇条8)の"運用"(すなわち製品実現)について述べています。

この章のIATF 16949規格要求事項の項目は、次のようになります。

8.1	運用の計画および管理
8.1.1	運用の計画および管理 – 補足
8.1.2	機密保持
8.2	製品およびサービスに関する要求事項
8.2.1	顧客とのコミュニケーション
8.2.1.1	顧客とのコミュニケーション – 補足
8.2.2	製品およびサービスに関連する要求事項の明確化
8.2.2.1	製品およびサービスに関する要求事項の明確化 – 補足
8.2.3	製品およびサービスに関連する要求事項のレビュー
8.2.3.1	(一般)
8.2.3.1.1	製品およびサービスに関する要求事項のレビュー – 補足
8.2.3.1.2	顧客指定の特殊特性
8.2.3.1.3	組織の製造フィージビリティ
8.2.3.2	(文書化)
8.2.4	製品およびサービスに関連する要求事項の変更
8.3	製品およびサービスの設計・開発
8.3.1	一般
8.3.1.1	製品およびサービスの設計・開発 – 補足
8.3.2	設計・開発の計画
8.3.2.1	設計・開発の計画 – 補足
8.3.2.2	製品設計の技能
8.3.2.3	組込みソフトウェアをもつ製品の開発
8.3.3	設計・開発へのインプット
8.3.3.1	製品設計へのインプット
8.3.3.2	製造工程設計へのインプット
8.3.3.3	特殊特性
8.3.4	設計・開発の管理
8.3.4.1	監視
8.3.4.2	設計・開発の妥当性確認
8.3.4.3	試作プログラム
8.3.4.4	製品承認プロセス
8.3.5	設計・開発からのアウトプット
8.3.5.1	設計・開発からのアウトプット – 補足
8.3.5.2	製造工程設計からのアウトプット
8.3.6	設計・開発の変更
8.3.6.1	設計・開発の変更 – 補足
8.4	外部から提供されるプロセス、製品およびサービスの管理
8.4.1	一般
8.4.1.1	一般 – 補足
8.4.1.2	供給者選定プロセス
8.4.1.3	顧客指定の供給者(指定購買)
8.4.2	管理の方式および頻度
8.4.2.1	管理の方式および程度 – 補足
8.4.2.2	法令・規制要求事項
8.4.2.3	供給者の品質マネジメントシステム開発
8.4.2.3.1	自動車製品に関係するソフトウェアまたは組込みソフトウェアをもつ製品
8.4.2.4	供給者の監視
8.4.2.4.1	第二者監査
8.4.2.5	供給者の開発
8.4.3	外部提供者に対する情報
8.4.3.1	外部提供者に対する情報 – 補足
8.5	製造およびサービス提供
8.5.1	製造およびサービス提供の管理
8.5.1.1	コントロールプラン
8.5.1.2	標準作業 – 作業者指示書および目視標準
8.5.1.3	作業の段取り替え検証
8.5.1.4	シャットダウン後の検証
8.5.1.5	TPM
8.5.1.6	生産治工具ならびに製造、試験、検査の治工具および設備の運用管理
8.5.1.7	生産計画
8.5.2	識別およびトレーサビリティ
8.5.2.1	識別およびトレーサビリティ – 補足
8.5.3	顧客または外部提供者の所有物
8.5.4	保存
8.5.4.1	保存 – 補足
8.5.5	引渡し後の活動
8.5.5.1	サービスからの情報のフィードバック
8.5.5.2	顧客とのサービス契約
8.5.6	変更の管理
8.5.6.1	変更の管理 – 補足
8.5.6.1.1	工程管理の一時的変更
8.6	製品およびサービスのリリース
8.6.1	製品およびサービスのリリース – 補足
8.6.2	レイアウト検査および機能試験
8.6.3	外観品目
8.6.4	外部から提供される製品およびサービスの検証および受入れ
8.6.5	法令・規制への適合
8.6.6	合否判定基準
8.7	不適合なアウトプットの管理
8.7.1	(一般)
8.7.1.1	特別採用に対する顧客の正式許可
8.7.1.2	不適合製品の管理 – 顧客規定のプロセス
8.7.1.3	疑わしい製品の管理
8.7.1.4	手直し製品の管理
8.7.1.5	修理製品の管理
8.7.1.6	顧客への通知
8.7.1.7	不適合製品の廃棄
8.7.2	(文書化)

8.1 運用の計画および管理（ISO 9001 要求事項）

[ISO 9001 要求事項のポイント]

運用（operation）の計画（すなわち製品実現の計画）に関して、図8.2①～④に示す事項を実施することを求めています。

製品・サービス提供に関する要求事項を満たすため、および箇条6.1リスクおよび機会の取組みを実施するために必要なプロセスを、箇条4.4で述べたとおりプロセスアプローチで計画して実施することを求めています。

図8.2③は、変更管理について述べています。意図した変更以外に、意図しない変更についても管理することを求めています。

箇条8.1運用の計画（製品実現の計画）の位置づけは、図8.1に示すようになります。

[旧規格からの変更点]（旧規格7.1）（変更の程度：中）

図8.2①b）、③、④が追加されました。

8.1.1 運用の計画および管理－補足（IATF 16949 追加要求事項）

[IATF 16949 追加要求事項のポイント]

製品実現の計画に関して、図8.2⑤、⑥に示す事項を実施することを求めています。

[旧規格からの変更点]（旧規格7.1.1）（変更の程度：中）

製品実現の計画の内容として、図8.2⑤b）、c）、d）が追加されました。

```
┌─────────────────────────────────────────┐
│ 組織およびその状況の理解（箇条4.1）       │
│ 利害関係者（顧客など）のニーズおよび期待の理解（箇条4.2） │
└─────────────────────────────────────────┘
                    ↓
┌─────────────────────────────────────────┐
│ リスクおよび機会の決定（箇条6.1.1）        │
│ リスクおよび機会への取組みの計画の策定（箇条6.1.2） │
└─────────────────────────────────────────┘
                    ↓
┌─────────────────────────────────────────┐
│ 運用の計画（製品実現の計画）の策定（箇条8.1） │
└─────────────────────────────────────────┘
```

図8.1 製品実現の計画策定のフロー

第 8 章 運 用

8.1.2 機密保持(IATF 16949 追加要求事項)

[IATF 16949 追加要求事項のポイント]
機密情報の管理に関して、図8.2⑦に示す事項を実施することを求めています。
[旧規格からの変更点]（旧規格 7.1.3）（変更の程度：小）
大きな変更はありません。

項　目	実施事項
製品実現の計画の目的(8.1)	①　次のために必要なプロセスを、計画し、実施し、管理する。 　a)　製品・サービスの提供に関する要求事項を満たすため 　b)　箇条6(計画)で決定した取組みを実施するため(4.4 参照)
実施事項(8.1)	②　上記のために、次の事項を実施する。 　a)　製品・サービスに関する要求事項の明確化 　b)　次の事項に関する基準の設定 　　1)プロセス 　　2)製品・サービスの合否判定 　c)　製品・サービスのために必要な資源の明確化 　d)　b)の基準に従った、プロセス管理の実施 　e)　次のために必要な、文書化した情報の明確化・維持・保管 　　1)プロセスが計画どおりに実施されたという確信をもつ。 　　2)製品・サービス要求事項への適合を実証する。
変更管理(8.1)	③　計画した変更を管理し、意図しない変更によって生じた結果をレビューし、（必要に応じて）有害な影響を軽減する処置をとる。
外部委託プロセス(8.1)	④　外部委託プロセスが管理されていることを確実にする(8.4 参照)。
製品実現の計画に含める内容(8.1.1)	⑤　a)　顧客の製品要求事項・技術仕様書 　b)　物流要求事項 　c)　製造フィージビリティ 　d)　プロジェクト計画(8.3.2 参照) 　e)　合否判定基準 ⑥　上記② c)の資源は、製品と製品の合否判定基準に固有の、要求される検証・妥当性確認・監視・測定・検査・試験活動のためである。
機密保持(8.1.2)	⑦　顧客と契約した開発中の製品・プロジェクト・関係製品情報の機密保持を確実にする。

図 8.2　製品実現の計画

8.2 製品およびサービスに関する要求事項

8.2.1 顧客とのコミュニケーション（ISO 9001 要求事項）

［ISO 9001 要求事項のポイント］

顧客とのコミュニケーションに関して、図8.3①に示す事項を実施することを求めています。

e)の不測の事態への対応は、IATF 16949 規格箇条 6.1.2.3 緊急事態対応計画に相当するものです。

［旧規格からの変更点］（旧規格 7.2.3）（変更の程度：小）

図8.3① d)、e)が追加されました。

8.2.1.1 顧客とのコミュニケーション－補足（IATF 16949 追加要求事項）

［IATF 16949 追加要求事項のポイント］

顧客とのコミュニケーションに関して、図8.3②、③に示す事項を実施することを求めています。

［旧規格からの変更点］（旧規格 7.2.3.1）（変更の程度：小）

大きな変更はありません。

8.2.2 製品およびサービスに関する要求事項の明確化（ISO 9001 要求事項）

［ISO 9001 要求事項のポイント］

製品・サービスに関する要求事項の明確化に関して、図8.3④に示す事項を実施することを求めています。

すなわち製品・サービスに関する要求事項には、次の事項が含まれています。

・顧客の要求・期待
・法令・規制要求事項
・組織が必要とみなすもの
・組織の知識の結果として特定されたリサイクル・環境影響・特性

［旧規格からの変更点］（旧規格 7.2.1）（変更の程度：小）

大きな変更はありません。

第8章 運用

項目	実施事項
顧客とのコミュニケーションの内容 (8.2.1)	① 顧客とのコミュニケーションには、下記を含める。 　a) 製品・サービスに関する情報の提供 　b) 引合い・契約・注文の処理(変更を含む) 　c) 製品・サービスに関する顧客からのフィードバック(苦情を含む) 　d) 顧客の所有物の取扱い・管理 　e) 不測の事態(すなわち緊急事態)への対応に関する特定の要求事項(関連する場合)
顧客とのコミュニケーションの方法 (8.2.1.1)	② 顧客とのコミュニケーション(記述または口頭のコミュニケーション)では、顧客と合意した言語を用いる。 ③ 顧客に規定されたコンピュータ言語・書式(例 CADデータ、電子データ交換)を含めて、必要な情報を伝達する能力をもつ。
製品・サービスに関する要求事項の明確化 (8.2.2)	④ 顧客に提供する製品・サービスに関する要求事項を明確にするために、次の事項を確実にする。 　a) 製品・サービスの要求事項が定められている(次の事項を含む)。 　　1) 適用される法令・規制要求事項 　　2) 組織が必要とみなすもの 　b) 提供する製品・サービスに関して主張していることを満たすことができる。
製品・サービスに関する要求事項に含める内容 (8.2.2.1)	⑤ これらの要求事項には、製品・製造工程について、組織の知識の結果として特定されたリサイクル・環境影響・特性を含める。 ⑥ 材料の入手・保管・取扱い・リサイクル・除去・廃棄に関係する、すべての政府規制・安全規制・環境規制を含める。

図8.3 顧客とのコミュニケーションおよび製品・サービス要求事項の明確化

8.2.2.1　製品およびサービスに関する要求事項の明確化－補足（IATF 16949 追加要求事項）

［IATF 16949 追加要求事項のポイント］

製品・サービスに関する要求事項の明確化に関して、図8.3⑤、⑥に示す事項を実施することを求めています。

［旧規格からの変更点］（旧規格 7.2.1）（変更の程度：小）

図8.3⑤、⑥は、注記から要求事項に変わり、法規制への対応が厳しくなりました。

8.2.3　製品およびサービスに関する要求事項のレビュー

8.2.3.1　（一般）（ISO 9001 要求事項）
8.2.3.2　（文書化）（ISO 9001 要求事項）

[ISO 9001 要求事項のポイント]

　製品・サービスに関する要求事項のレビューに関して、図8.4 ①～④および⑥に示す事項を実施することを求めています。

　これは、箇条8.2.2で明確にした製品・サービスに関する要求事項を、組織が満たす能力があるかどうかをレビューすることです。

[旧規格からの変更点]　（旧規格7.2.2）（変更の程度：小）

　製品・サービスに関する要求事項のレビュー結果の文書化に関して、旧規格の"レビュー結果に対する処置"がなくなり、図8.4 ⑥ b)製品・サービスに関する新たな要求事項が追加されました。

8.2.3.1.1　製品およびサービスに関する要求事項のレビュー―補足（IATF 16949 追加要求事項）

[IATF 16949 追加要求事項のポイント]

　製品・サービスに関する要求事項のレビューに関して、図8.4 ⑤に示す事項を実施することを求めています。

[旧規格からの変更点]　（旧規格7.2.2.1）（変更の程度：小）

　大きな変更はありません。

8.2.3.1.2　顧客指定の特殊特性（IATF 16949 追加要求事項）

[IATF 16949 追加要求事項のポイント]

　顧客指定の特殊特性（special characteristics）に関して、図8.5 ①に示す事項を実施することを求めています。特殊特性とは、安全・規制への適合・取付け時の合い（fit）・機能・性能・要求事項、または製品の後加工に影響し得る、製品特性・製造工程パラメータの区分のことです。

[旧規格からの変更点]　（旧規格7.2.1.1）（変更の程度：小）

　大きな変更はありません。

8.2.3.1.3　組織の製造フィージビリティ（IATF 16949 追加要求事項）

[IATF 16949 追加要求事項のポイント]

　組織の製造フィージビリティ（manufacturing feasibility）に関して、図8.5②〜⑤に示す事項を実施することを求めています。製造フィージビリティとは、製品を、顧客要求事項を満たすように製造することが技術的に実現可能か否かを判定するための分析・評価をいいます。

　製造フィージビリティ分析は、新規の製造技術・製品技術に対して、および変更された製造工程・製品設計に対して実施します。

項　目	実施事項
製品・サービスに関する要求事項のレビュー （8.2.3.1、 **8.2.3.1.1**）	①　顧客に提供する製品・サービスに関する要求事項を満たす能力をもつことを確実にする。 ②　製品・サービスを顧客に提供することをコミットメントする前に、次の事項を含め、レビューを行う。 　a）　顧客が規定した要求事項 　　・引渡しおよび引渡し後の活動に関する要求事項を含む。 　b）　顧客が明示してはいないが、指定された用途または意図された用途が既知である場合、それらの用途に応じた要求事項 　c）　組織が規定した要求事項 　d）　製品・サービスに適用される法令・規制要求事項 　e）　以前に提示されたものと異なる、契約・注文の要求事項 ③　契約・注文の要求事項が以前に定めたものと異なる場合には、それが解決されていることを確実にする。 ④　顧客がその要求事項を書面で示さない場合には、顧客要求事項を受諾する前に確認する。 ⑤　**上記箇条 8.2.3.1 の要求事項に対する、顧客が正式許可した免除申請の文書化した証拠を保持する（記録）。**
文書化（8.2.3.2）	⑥　次の文書化した情報を保持する（記録）（該当する場合は必ず）。 　a）　レビューの結果 　b）　製品・サービスに関する新たな要求事項
要求事項の変更 （8.2.4）	⑦　製品・サービスの要求事項が変更されたときには、下記を行う。 ・関連する文書化した情報を変更することを確実にする。 ・変更後の要求事項が、関連する人々に理解されていることを確実にする。

図 8.4　**製品・サービスに関する要求事項のレビュー**

これには、見積りコスト内で、ならびに必要な資源・施設・治工具・生産能力・ソフトウェアおよび必要な技能をもつ要員が、支援部門を含めて、提供できるかまたは提供できるように計画されているかどうかなどの検討が含まれます。

製造フィージビリティは、部門横断的アプローチで行うことが必要です。

なお、製造フィージビリティの詳細については、IATF 16949 のコアツールの一つである APQP（先行製品品質計画）参照マニュアルに記載されています。

[旧規格からの変更点]（旧規格 7.2.2.2）（変更の程度：中）

製造フィージビリティの具体的な内容として、図 8.5 ②〜⑤が追加されました。

8.2.4　製品およびサービスに関する要求事項の変更（ISO 9001 要求事項）

[ISO 9001 要求事項のポイント]

製品・サービスに関する要求事項の変更に関して、図 8.4 ⑦に示す事項を実施することを求めています。

[旧規格からの変更点]（旧規格 7.2.2）（変更の程度：小）

大きな変更はありません。

項　目	実施事項
顧客指定の特殊特性（8.2.3.1.2）	①　特殊特性の指定・承認文書・管理に対する顧客要求事項に適合する。
組織の製造フィージビリティ（8.2.3.1.3）	②　製造工程が一貫して、顧客の規定したすべての技術・生産能力の要求事項を満たす製品を生産できることが実現可能か否かを判定するための分析を実施する。 ③　上記の判定・分析のために、部門横断的アプローチを利用する。 ④　製造フィージビリティ分析を、新規の製造技術・製品技術に対して、および変更された製造工程・製品設計に対して実施する。 ⑤　生産稼働、ベンチマーキング調査、または他の適切な方法で、仕様どおりの製品を要求される速度で生産する能力を、妥当性確認を行うことが望ましい。

図 8.5　特殊特性および製造フィージビリティ

8.3 製品およびサービスの設計・開発

8.3.1 一般（ISO 9001 要求事項）

［ISO 9001 要求事項のポイント］

製品・サービスの設計・開発に関して、図 8.6 ①に示す事項を実施することを求めています。設計・開発とは、"要求事項をより詳細な要求事項に変換するプロセス"と定義されています。製品の設計・開発だけでなく、新しい製造工程を構築するとか、新しい販売や購買方法を考えることなども設計・開発となります。

［旧規格からの変更点］（旧規格 7.3.1）（変更の程度：中）

図 8.6 ①のように、製品・サービスの提供方法を決めることが設計・開発ということになり、設計・開発の対象が広くなりました。

8.3.1.1 製品およびサービスの設計・開発（IATF 16949 追加要求事項）

［IATF 16949 追加要求事項のポイント］

製品・サービスの設計・開発に関して、図 8.6 ②〜④に示す事項を実施することを求めています。設計・開発プロセスを文書化することを求めています。

IATF 16949 のねらいは、不具合の検出ではなく不具合の予防であるため、これらを考慮して設計・開発を進めることになります。

［旧規格からの変更点］（旧規格 7.3）（変更の程度：中）

図 8.6 ②設計・開発プロセスの文書化が追加されました。

項　目	実施事項
設計・開発プロセスの確立(8.3.1、8.3.1.1)	①設計・開発以降の製品・サービスの提供を確実にするために、設計・開発プロセスを確立し、実施し、維持する。 ②設計・開発プロセスを文書化する。 ③設計・開発は、不具合の検出よりも不具合の予防を重視する。
設計・開発プロセスの対象(8.3.1.1)	④設計・開発プロセスの対象には下記を含める。 ・製品の設計・開発 ・製造工程の設計・開発

図 8.6　設計・開発プロセス

8.3.2 設計・開発の計画(ISO 9001 要求事項)

[ISO 9001 要求事項のポイント]
設計・開発の計画に関して、図8.7 ①の事項を実施することを求めています。

項　目	実施事項
設計・開発の計画において考慮すべき事項 (8.3.2)	①　次の事項を考慮して、設計・開発の段階と管理を決定する。 　a）　設計・開発活動の性質・期間・複雑さ 　b）　プロセスの段階(適用される設計・開発のレビューを含む) 　c）　設計・開発の検証・妥当性確認活動 　d）　設計・開発プロセスに関する責任・権限 　e）　製品・サービスの設計・開発のための内部資源・外部資源の必要性 　f）　設計・開発プロセスに関与する人々の間のインターフェース管理の必要性 　g）　設計・開発プロセスへの顧客・ユーザの参画の必要性 　h）　設計・開発以降の製品・サービスの提供に関する要求事項 　i）　顧客・利害関係者によって期待される、設計・開発プロセスの管理レベル 　j）　設計・開発の要求事項を満たしていることを実証するために必要な、文書化した情報
設計・開発プロセスの関係者 (8.3.2.1)	②　設計・開発プロセスに影響を受けるすべての組織内の利害関係者、および(必要に応じて)サプライチェーンを含めることを確実にする。
部門横断的アプローチで行う事項 (8.3.2.1)	③　次のような場合には、部門横断的アプローチを用いる。 　a）　プロジェクトマネジメント(例　APQP、VDA-RGA) 　b）　代替の設計提案・製造工程案の使用を検討するような、製品設計・製造工程設計の活動(例　製造設計DFM、組立設計DFA) 　c）　潜在的リスクを低減する処置を含む、製品設計リスク分析(FMEA)の実施・レビュー 　d）　製造工程リスク分析の実施・レビュー(例　FMEA、工程フロー、コントロールプラン、標準作業指示書)
部門横断的アプローチのメンバー(8.3.2.1)	④　注記　部門横断的アプローチには、通常、組織の設計・製造・技術・品質・生産・購買・保全・供給者および他の適切な部門を含める。

図8.7　設計・開発の計画と部門横断的アプローチ

［旧規格からの変更点］（旧規格 7.3.1）（変更の程度：中）

設計・開発計画（書）に含める項目として、図 8.7 ① a)、e)、g)、h)、i)、j) が追加されました。

8.3.2.1　設計・開発の計画－補足（IATF 16949 追加要求事項）

［IATF 16949 追加要求事項のポイント］

設計・開発の計画および部門横断的アプローチ（multidisciplinaly approach）に関して、図 8.7 ②～④に示す事項を実施することを求めています。「設計・開発計画書」の例を図 8.8 に示します。

［旧規格からの変更点］（旧規格 7.3.1.1）（変更の程度：中）

図 8.7 ②～④に示すように、部門横断的アプローチの具体的な内容が追加されました。

設計・開発計画書						
	承認：20xx-xx-xx　○○○○			作成：20xx-xx-xx　○○○○		
開発テーマ	新製品 XX（品番 xxxx）の開発					
設計責任者	設計部　○○○○					
APQPチーム	営業部○○○○、製造部○○○○、品質保証部○○○○					
設計のインプット	・顧客仕様書（○○○○）　　　　・ベンチマーク ・顧客指定の特殊特性　　　　　　・関連法規制（○○○○）					
設計のアウトプット	・製品図面　　　　　・プロセス FMEA　　・コントロールプラン ・製品仕様書　　　　・設計検証結果　　　・製造フィージビリティ ・設計 FMEA　　　　・工程能力調査結果　　　検討結果					
設計目標	項　目			目　標		
	特殊特性 A の工程能力指数			$C_{pk} \geq 1.67$		
	⋮			⋮		
	不良率見込			$< 1\%$		
	製造コスト			$< 1{,}000$ 円		
APQP日程	段階	φ1開始	φ1終了	φ2終了	φ3終了	φ4終了	生産開始
	計画	xx-xx-xx	xx-xx-xx	xx-xx-xx	xx-xx-xx	xx-xx-xx	xx-xx-xx
	実績						

図 8.8　設計・開発計画書（例）

8.3.2.2　製品設計の技能（IATF 16949 追加要求事項）

[IATF 16949 追加要求事項のポイント]

製品設計の技能に関して、図8.9 ①、②を実施することを求めています。

[旧規格からの変更点]（旧規格 6.2.2.1）（変更の程度：小）

大きな変更はありません。

8.3.2.3　組込みソフトウェアをもつ製品の開発（IATF 16949 追加要求事項）

[IATF 16949 追加要求事項のポイント]

組込みソフトウェアをもつ製品の開発に関して、図8.9 ③〜⑥に示す事項を実施することを求めています。ソフトウェア内蔵の自動車用電子部品が増えており、それらに対する管理が追加されています。オートモーティブ（automotive）SPICE（自動車機能安全、車載ソフトウェア開発プロセスのフレームワークを定めた業界標準のプロセスモデル）や ISO 26262（自動車機能安全規格）は有効な方法です。

[旧規格からの変更点]（旧規格 7.3.1.1）（変更の程度：大）

新規要求事項です。

項　目	実施事項
製品設計者の力量と技能（8.3.2.2）	①　製品設計責任のある要員が、次の力量・技能をもつようにする。 ・設計要求事項を実現する力量 ・適用されるツールと手法の技能
設計ツール（8.3.2.2）	②　適用されるツール・手法を明確にする。 ・注記　製品設計技能の例：数学的デジタルデータの適用
組込みソフトウェアをもつ製品に対する品質保証のプロセス（8.3.2.3）	③　内部で開発された組込みソフトウェアをもつ製品に対する、品質保証のプロセスを用いる。 ④　ソフトウェア開発評価の方法論を、ソフトウェア開発プロセスを評価するために利用する。
ソフトウェア開発能力の評価（8.3.2.3）	⑤　リスクおよび顧客に及ぼす影響を考慮して、ソフトウェア開発能力の自己評価の文書化した情報を保持する（記録）。 ⑥　ソフトウェア開発を内部監査プログラムの範囲に含める。

図 8.9　製品設計の技能および組込みソフトウェアを持つ製品の開発

8.3.3　設計・開発へのインプット（ISO 9001 要求事項）

［ISO 9001 要求事項のポイント］

設計・開発へのインプットに関して、図8.10 ①～④に示す事項を実施することを求めています。

[旧規格からの変更点]（旧規格 7.3.2）（変更の程度：小）

図8.10 ① d)、e)が追加されました。

8.3.3.1　製品設計へのインプット（IATF 16949 追加要求事項）

［IATF 16949 追加要求事項のポイント］

製品設計へのインプットに関して、図8.11 ①～④に示す事項を実施することを求めています。

図8.11 ② b)の境界およびインターフェース要求事項には、例えば、関連組織のほか、設計FMEAを実施する場合のインプット情報としてのブロック図や、工程FMEAを実施する場合のプロセスフロー図などが考えられます。図8.11 ② d)の設計の代替案には、例えばA案とB案の二案についての検討などが考えられます。

項　目	実施事項
設計・開発へのインプット（要求事項） (8.3.3)	①　設計・開発する特定の種類の製品・サービスに不可欠な要求事項（インプット）を明確にする。 　　その際に、次の事項を考慮する。 　a）　機能・パフォーマンスに関する要求事項 　b）　以前の類似の設計・開発活動から得られた情報 　c）　法令・規制要求事項 　d）　組織が実施することをコミットメントしている、標準・規範（codes of practice） 　e）　製品・サービスの性質に起因する失敗により起こり得る結果
インプットの条件 (8.3.3)	②　インプットは、設計・開発の目的に対して適切で、漏れがなく、曖昧でないものとする。 ③　設計・開発へのインプット間の相反は、解決する。
文書化(8.3.3)	④　設計・開発へのインプットに関する文書化した情報を保持する（記録）。

図8.10　設計・開発へのインプット

項　目	実施事項
製品設計インプットの文書化(8.3.3.1)	① 契約内容の確認の結果として、製品設計へのインプット要求事項を特定・文書化・レビューする。
製品設計インプット要求事項 (8.3.3.1)	② 製品設計へのインプット要求事項には、次の事項を含める。 　a）　製品仕様書(特殊特性を含む) 　b）　境界およびインターフェース要求事項 　c）　識別・トレーサビリティ・包装 　d）　設計の代替案の検討 　e）　インプット要求事項に伴うリスク、およびリスクを緩和し管理する組織の能力の、フィージビリティ分析の結果を含む評価 　f）　製品要求事項への適合に対する目標 　　・保存・信頼性・耐久性・サービス性・健康・安全・環境・開発タイミング・コストを含む。 　g）　顧客指定の仕向国の該当する法令・規制要求事項(顧客から提供された場合) 　h）　組込みソフトウェア要求事項
情報展開プロセス (8.3.3.1)	③ 現在・未来の類似するプロジェクトのために、次の情報源から得られた情報を展開するプロセスをもつ。 ・過去の設計プロジェクト ・競合製品分析(ベンチマーキング) ・供給者からのフィードバック ・内部からのインプット ・市場データ ・他の関連する情報源 ④ 注記　設計の代替案を検討するする方法の一つに、トレードオフ曲線の活用がある。

図8.11　製品設計へのインプット

　図8.11 ④のトレードオフ曲線(trade-off curves)は、"製品のさまざまな設計特性の相互の関係を理解し伝達するためのツール。一つの特性に関する製品の性能を縦軸に描き、もう一つの特性を横軸に描く。それから二つの特性に対する製品性能を示すために曲線がプロットされる"と定義されています。二つの特性の最適のバランスを見出すことを考えるとよいでしょう。

　[旧規格からの変更点]　(旧規格7.3.2.1)(変更の程度：中)
　図8.11 ② a)～h)が追加されています。

8.3.3.2 製造工程設計へのインプット（IATF 16949 追加要求事項）

[IATF 16949 追加要求事項のポイント]

製造工程設計へのインプットに関して、図8.12①～③に示す事項を実施することを求めています。なお、IATF 16949 の設計・開発の対象には、製品の設計・開発と製造工程の設計・開発があるため、図8.10に述べたISO 9001の設計・開発のインプットは、製造工程設計にも適用されます。

[旧規格からの変更点]（旧規格7.3.2.2）（変更の程度：中）

図8.12 ② b)、c)、f)、g)、h)が追加されています。また③のポカヨケ（ヒューマンエラー防止策）は、注記から要求事項に変更されています。

項　目	実施事項
製造工程設計インプットの文書化(8.3.3.2)	①　製造工程設計へのインプット要求事項を特定・文書化・レビューする。
製造工程インプット要求事項(8.3.3.2)	②　製造工程設計へのインプットには、次の事項を含める。 　a)　製品設計からのアウトプットデータ（特殊特性を含む） 　b)　生産性・工程能力・タイミング・コストに対する目標 　c)　製造技術の代替案 　d)　顧客要求事項（該当する場合） 　e)　過去の開発からの経験 　f)　新材料 　g)　製品の取扱いおよび人間工学的要求事項 　h)　製造設計（DFM）・組立設計（DFA）
ポカヨケ手法の採用(8.3.3.2)	③　製造工程設計には、遭遇するリスクに見合う程度のポカヨケ手法の採用を含める。

図8.12　製造工程設計へのインプット

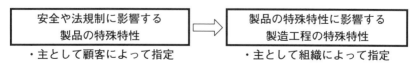

図8.13　製品の特殊特性と製造工程の特殊特性

8.3.3.3 特殊特性（IATF 16949 追加要求事項）

［IATF 16949 追加要求事項のポイント］

特殊特性（special characteristics）に関して、図 8.14 ①～③に示す事項を実施することを求めています。

特殊特性を特定するプロセスを確立し、文書化することが求められています。

製品によっては、顧客指定の特殊特性が存在しない場合があります。その場合は例えば、組織によって実施された FMEA（故障モード影響解析）によるリスク分析の結果、組織として重要な管理特性を特殊特性に設定するとよいでしょう。特殊特性は、工程能力の評価や、継続的改善のテーマの対象となります。製品の特殊特性と、製品の特殊特性に影響する製造工程の特殊特性の関係を示すと、図 8.13 のようになります。

［旧規格からの変更点］（旧規格 7.3.2.3）（変更の程度：中）

図 8.14 ①の殊特性を特定するプロセスの文書化が追加され、それに含める③の内容が明確になりました。

項　目	実施事項
特殊特性の決定 （8.3.3.3）	①　特殊特性を特定するプロセスを確立・文書化・実施する。 ②　特殊特性は、次のような方法によって特定される。 ・顧客によって決定 ・組織によって実施されたリスク分析 　ーそのために、部門横断的アプローチを用いる。
特殊特性に含める内容（8.3.3.3）	③　それには次の事項を含める。 　a)　次の文書に特殊特性を記載し、固有の記号で識別する。 　　・<u>文書</u>（要求に応じて） 　　・<u>関連するリスク分析</u>（プロセス FMEA のような） 　　・コントロールプラン 　　・標準作業・作業者指示書 　b)　製品・製造工程の特殊特性に対する管理・監視戦略の開発 　c)　顧客の承認（要求がある場合） 　d)　顧客規定の定義・記号、または記号変換表に定められた、組織の同等の記号・表記法

図 8.14　特殊特性

8.3.4　設計・開発の管理（ISO 9001 要求事項）

［ISO 9001 要求事項のポイント］

　設計・開発プロセスの管理、すなわちレビュー、検証および妥当性確認に関して、図 8.15 ①、②に示す事項を実施することを求めています。

　レビュー（デザインレビュー、設計審査）、検証（設計検証）および妥当性確認の相違を図 8.16 に、それらの関係を図 8.17 に示します。

　レビュー、検証および妥当性確認の結果発見された問題点と、それらの問題点に対して取った処置について、文書化した情報を保持（記録の作成）することが必要です。

［旧規格からの変更点］（旧規格 7.3.4）（変更の程度：小）

　設計・開発のレビュー・検証・妥当性確認が一つの要求事項の項目としてまとめられました。これは、サービス業を考慮したもので、製造業では、レビュー、検証および妥当性確認は、従来同様確実に実施することが必要でしょう。

8.3.4.1　監視（IATF 16949 追加要求事項）

［IATF 16949 追加要求事項のポイント］

　設計・開発プロセスの監視に関して、図 8.15 ③〜⑤に示す事項を実施することを求めています。これは、設計・開発プロセスを監視するというもので、設計・開発のレビューに対する補足と考えるとよいでしょう。

［旧規格からの変更点］（旧規格 7.3.4.1）（変更の程度：小）

　図 8.15 ④が追加されました。

8.3.4.2　設計・開発の妥当性確認（IATF 16949 追加要求事項）

［IATF 16949 追加要求事項のポイント］

　設計・開発の妥当性確認に関して、図 8.15 ⑥〜⑧に示す事項を実施することを求めています。

　⑧は、組込みソフトウェアの評価について述べています。ソフトウェアはブラックボックス的な点が大きいため、特別な管理が必要ということになります。

［旧規格からの変更点］（旧規格 7.3.6.1）（変更の程度：小）

　図 8.15 ⑥、⑧が追加されました。

項　目	実施事項
設計・開発の管理 (8.3.4)	① 次の事項を確実にするために、設計・開発プロセスを管理する。 　a) 達成すべき結果を定める。 　　・すなわち設計目標を設定する。 　b) 設計・開発の結果の要求事項を満たす能力を評価するために、レビューを行う。 　　　　　　　　　　　…［デザインレビュー、設計審査］ 　c) 設計・開発からのアウトプットが、インプットの要求事項を満たすことを確実にするために、検証活動を行う。 　　　　　　　　　　　　　　　　　…［設計検証］ 　d) 結果として得られる製品・サービスが、指定された用途または意図された用途に応じた要求事項を満たすことを確実にするために、妥当性確認活動を行う。 　　　　　　　　　　　　　　　　…［設計の妥当性確認］ 　e) レビュー・検証・妥当性確認の活動中に明確になった問題に対して必要な処置をとる。 　f) これらの活動についての文書化した情報を保持する（記録）。
	② 注記　設計・開発のレビュー・検証・妥当性確認は、異なる目的をもつ。 　これらは、組織の製品・サービスに応じた適切な形で、個別にまたは組み合わせて行うことができる。
設計・開発プロセスの監視 (8.3.4.1)	③ 製品・製造工程の設計・開発中の規定された段階での測定項目を定め、分析し、その要約した結果をマネジメントレビューへのインプットとして報告する。 ④ 製品・製造工程の開発活動の測定項目は、規定された段階で顧客に報告する、または顧客の合意を得る（顧客に要求された場合）。
	⑤ 注記　測定項目には、品質リスク・コスト・リードタイム・クリティカルパスなどの測定項目を含めてもよい（必要に応じて）。
設計・開発の妥当性確認 (8.3.4.2)	⑥ 設計・開発の妥当性確認は、顧客要求事項（該当する産業規格・政府機関の発行する規制基準を含む）に従って実行する。 ⑦ 設計・開発の妥当性確認のタイミングは、顧客規定のタイミングにあわせて計画する（該当する場合には必ず）。 ⑧ 設計・開発の妥当性確認には、顧客の完成品のシステムの中で、組込みソフトウェアを含めて、組織の製品の相互作用の評価を含める（顧客との契約がある場合）。

図 8.15　設計・開発プロセスの管理

区　分	実施事項	実施時期
レビュー	・設計・開発の計画的・体系的なレビュー ・設計・開発の結果が要求事項を満たせるかどうかの評価 ・設計・開発段階に関連する部門の代表者が参加	・設計・開発の適切な段階に計画的に実施（複数回行われる場合がある）
検証	・設計・開発プロセスのアウトプット（結果）が、設計・開発のインプット（要求事項）を満たしていることの評価 ・すなわち、設計・開発プロセスのアウトプットとインプット要求事項との比較	・計画的に実施
妥当性確認	・設計・開発された製品が、実際に使用できるかどうかの評価 ・（レビュー・検証が設計者の立場で行う評価であるのに対して）妥当性確認は顧客の立場で行う評価 ・妥当性確認は、顧客と共同でまたは分担して行われることがある。	・製品の引渡し前に計画的に実施

図 8.16　設計・開発のレビュー、検証および妥当性確認

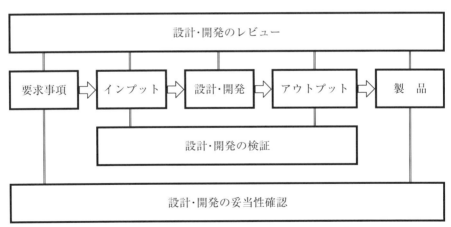

図 8.17　設計・開発のレビュー、検証および妥当性確認の関係

8.3.4.3　試作プログラム（IATF 16949 追加要求事項）

［IATF 16949 追加要求事項のポイント］

試作プログラムに関して、図 8.18 ①～④に示す事項を実施することを求めています。試作プログラムは、顧客から要求された場合に要求事項となります。

［旧規格からの変更点］（旧規格 7.3.6.2）（変更の程度：小）

大きな変更はありません。

8.3.4.4　製品承認プロセス（IATF 16949 追加要求事項）

［IATF 16949 追加要求事項のポイント］

製品承認プロセス（product approval process）とは、製品を出荷するために、顧客の承認を取得する手順のことです。製品承認プロセスに関して、図 8.19 ①～⑤に示す事項を実施することを求めています。製品承認プロセスの詳細は、コツールの一つである PPAP（生産部品承認プロセス）に記載されています。

［旧規格からの変更点］（旧規格 7.3.6.3）（変更の程度：小）

大きな変更はありません。

8.3.5　設計・開発からのアウトプット（ISO 9001 要求事項）

［ISO 9001 要求事項のポイント］

設計・開発からのアウトプットに関して、図 8.20 ①、②に示す事項を実施することを求めています。

項　目	実施事項
試作プログラム （8.3.4.3）	①　試作プログラムおよび試作コントロールプランをもつ（顧客から要求される場合）。 ②　量産と同一の供給者・治工具・製造工程を使用する（可能な限り）。 ③　タイムリーな完了と要求事項への適合のために、すべての性能試験活動を監視する。 ④　試作プログラムをアウトソースする場合、管理の方式と程度を品質マネジメントシステムの適用範囲に含める。

図 8.18　試作プログラム

項　目	実施事項
製品承認プロセス (8.3.4.4)	① 顧客に定められた要求事項に適合する、製品と製造の承認プロセスを、確立し、実施し、維持する。
	② 出荷に先立って、文書化した顧客の製品承認を取得する（顧客に要求される場合）。
	③ 注記　製品承認は、製造工程が検証された後で実施することが望ましい。
	④ （外部から提供される製品・サービスに対して） 部品承認を顧客に提出するのに先立って、外部から提供される製品・サービスを、組織自ら承認する。
	⑤ 製品承認プロセスの詳細は、コツールの一つであるPPAP（生産部品承認プロセス）参照マニュアルに記載されている。

図8.19　製品承認プロセス

図8.20①b)は、設計・開発の後に行われる、製造・サービス提供・購買・保全・物流などの方法を述べたもの、c)は、検査・試験方法と合否判定基準を述べたもの、そしてd)は、製品の取扱方法や注意事項を述べたものです。

［旧規格からの変更点］（旧規格7.3.3)（変更の程度：小）

図8.20②設計・開発からのアウトプットについて、文書化した情報を保持する（記録）が追加されました。

8.3.5.1　設計・開発からのアウトプット―補足（IATF 16949追加要求事項）

［IATF 16949追加要求事項のポイント］

製品設計からのアウトプットに関して、図8.20③～⑤に示す事項を実施することを求めています。

図8.20①、②のISO 9001の設計・開発からのアウトプットは、IATF 16949では、製品設計と製造工程設計の両方についての要求事項となります。

図8.20④a)に述べているFMEA様式の例を図8.21に示します。この様式は、設計FMEAとプロセスFMEAの両方に適用することができます。

［旧規格からの変更点］（旧規格7.3.3.1)（変更の程度：小）

図8.20④d)、e)、f)、h)、i)、j)が追加されました。

項　目	実施事項
実施事項(8.3.5)	①　設計・開発からのアウトプットが、下記であることを確実にする。 　a)　インプットで与えられた要求事項を満たす。 　b)　製品・サービスの提供に関する、以降のプロセスに対して適切である。 　c)　監視・測定の要求事項と合否判定基準を含むか、またはそれらを参照する(必要に応じて)。 　d)　意図した目的、安全で適切な使用、および提供に不可欠な、製品・サービスの特性を規定する。
文書化(8.3.5)	②　設計・開発からのアウトプットについて、文書化した情報を保持する(記録)。
アウトプットの表現方法(8.3.5.1)	③　製品設計からのアウトプットは、製品設計へのインプット要求事項と対比した検証・妥当性確認ができるように表現する。
アウトプットに含める内容(8.3.5.1)	④　製品設計からのアウトプットには、次の事項を含める(該当する場合には必ず)。 　a)　設計リスク分析(FMEA) 　b)　信頼性調査の結果 　c)　製品の特殊特性 　d)　製品設計のポカヨケの結果 　　・シックスシグマ設計(DFSS) 　　・製造設計・組立設計(DFMA) 　　・故障の木解析(FTA)など 　e)　製品の定義 　　・三次元モデル(3D) 　　・技術データパッケージ 　　・製品製造の情報 　　・幾何寸法・公差(GD&T)など 　f)　図面(2D図)、および 　　・製品製造の情報 　　・幾何寸法と公差(GD&T) 　g)　製品デザインレビューの結果 　h)　サービス故障診断の指針、修理・サービス性の指示書 　i)　サービス部品要求事項 　j)　出荷のための包装、ラベリング要求事項 ⑤　注記　暫定設計のアウトプットには、トレードオフプロセスを通じて解決された技術問題を含めることが望ましい。

図 8.20　設計・開発からのアウトプット

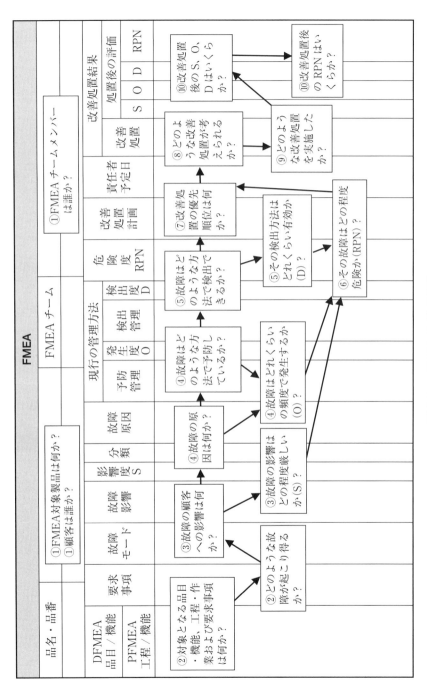

図 8.21　FMEA の様式（例）

8.3.5.2　製造工程設計からのアウトプット（IATF 16949 追加要求事項）

[IATF 16949 追加要求事項のポイント]

製造工程設計からのアウトプットに関して、図 8.22 ①〜③に示す事項を実施することを求めています。

図 8.22 ②のインプットとアウトプットの比較は設計検証のことを述べています。なお、IATF 16949 では、図 8.20 ①、②に述べた ISO 9001 規格の設計・開発からのアウトプットについての要求事項も適用されます。

[旧規格からの変更点]（旧規格 7.3.3.2）（変更の程度：小）

図 8.22 ③ b)、c)、d)、e)、f)、h)、j)が追加されました。

項　目	実施事項
文書化(8.3.5.2)	①　製造工程設計からのアウトプットを、製造工程設計へのインプットと対比した検証ができるように文書化する。
アウトプットの検証(8.3.5.2)	②　アウトプットを、インプット要求事項と対比して検証する。
アウトプットに含める内容(8.3.5.2)	③　製造工程設計からのアウトプットには、次の事項を含める。 　a)　仕様書・図面 　b)　製品・製造工程の特殊特性 　c)　特性に影響を与える、工程インプット変数の特定 　d)　生産・管理のための治工具・設備（設備・工程の能力調査を含む） 　e)　製造工程フローチャート・レイアウト（製品・工程・治工具のつながりを含む） 　f)　生産能力の分析 　g)　製造工程 FMEA 　h)　保全計画・指示書 　i)　コントロールプラン（附属書 A 参照） 　j)　標準作業・作業指示書 　k)　工程承認の合否判定基準 　l)　品質・信頼性・保全性・測定性に対するデータ 　m)　ポカヨケの特定・検証の結果（必要に応じて） 　n)　製品・製造工程の不適合の迅速な検出・フィードバック・修正の方法

図 8.22　製造工程設計からのアウトプット

8.3.6　設計・開発の変更（ISO 9001 要求事項）

［ISO 9001 要求事項のポイント］

設計・開発の変更に関して、図 8.23 ①、②を実施することを求めています。

［旧規格からの変更点］（旧規格 7.3.7）（変更の程度：小）

設計・開発以降の変更だけでなく、設計・開発中の変更管理も含まれます。

8.3.6.1　設計・開発の変更－補足（IATF 16949 追加要求事項）

［IATF 16949 追加要求事項のポイント］

設計・開発の変更に関して、図 8.23 ③～⑥に示す事項を実施することを求めています。ソフトウェアの変更管理が含まれています。

［旧規格からの変更点］（旧規格 7.3.7）（変更の程度：中）

図 8.23 ③～⑥が追加されました。

項　目	実施事項
変更管理の目的 (8.3.6)	①　要求事項への適合に悪影響を及ぼさないことを確実にするために、次の変更を識別・レビュー・管理する。 ・製品・サービスの設計・開発の間の変更 ・製品・サービスの設計・開発以降の変更
文書化(8.3.6)	②　次の事項に関する文書化した情報を保持する（記録）。 　a）　設計・開発の変更 　b）　レビューの結果 　c）　変更の許可 　d）　悪影響を防止するための処置
評価　(8.3.6.1)	③　初回の製品承認の後のすべての設計変更を、取付け時の合い・形状・機能・性能または耐久性に対する潜在的な影響を評価する。 ・供給者から提案されたものを含む。
承認　(8.3.6.1)	④　変更は、生産で実施する前に、顧客要求事項に対する妥当性確認を実施して、内部で承認する。
	⑤　文書化した承認、または文書化した免除申請を、生産で実施する前に顧客から入手する（顧客から要求される場合）。
ソフトウェア (8.3.6.1)	⑥　組込みソフトウェアをもつ製品に対して、ソフトウェア・ハードウェアの改訂レベルを変更記録の一部として文書化する。

図 8.23　設計・開発の変更

8.4 外部から提供されるプロセス、製品およびサービスの管理

8.4.1 一般(ISO 9001 要求事項)

[ISO 9001 要求事項のポイント]

外部から提供されるプロセス、製品・サービスの管理に関して、図8.24 ①〜④に示す事項を実施することを求めています(図8.25 参照)。

外部提供者(すなわち供給者)に対しては、初回評価を行って選定し、取引開始後は取引中のパフォーマンスを監視し、再評価を実施します。

[旧規格からの変更点] (旧規格7.4.1)(変更の程度:小)

購買の対象が、外部から提供されるプロセス、製品およびサービスとなり、アウトソースプロセスも含まれるようになりました。

図8.24 ② b)、および③のパフォーマンスの監視が追加されました。

項　目	実施事項
外部提供プロセス、製品・サービスの管理の決定(8.4.1)	①　外部から提供されるプロセス・製品・サービスが、要求事項に適合していることを確実にする。 ②　次の事項に該当する場合には、外部から提供されるプロセス・製品・サービスに適用する管理を決定する。 　a)　外部提供者からの製品・サービスが、組織の製品・サービスに組み込むことを意図したものである場合 　b)　製品・サービスが外部提供者から直接顧客に提供される場合 　c)　プロセスが外部提供者から提供される場合
外部提供者の評価(8.4.1)	③　プロセス・製品・サービスを提供する外部提供者の能力にもとづいて、外部提供者の評価・選択・パフォーマンスの監視・再評価を行うための基準を決定し、適用する。 ④　これらの活動およびその評価によって生じる必要な処置について、文書化した情報を保持する(記録)。
外部提供プロセス、製品・サービスの範囲(8.4.1.1)	⑤　サブアセンブリ・整列・選別・手直し・校正サービスのような、顧客要求事項に影響するすべての製品・サービスを、外部から提供される製品・プロセス・サービスの定義の範囲に含める。

図8.24　外部提供プロセス・製品・サービスの管理

8.4.1.1　一般－補足（IATF 16949 追加要求事項）

[IATF 16949 追加要求事項のポイント]

外部（供給者）から提供されるプロセス・製品・サービスの管理に関して、図 8.24 ⑤に示す事項を実施することを求めています。なお、サービスには、測定機器の校正や運送だけでなく、熱処理やめっきなども含まれます（図 8.25 参照）。

[旧規格からの変更点]　(旧規格 7.4.1)（変更の程度：小）

大きな変更はありません。

8.4.1.2　供給者選定プロセス（IATF 16949 追加要求事項）

[IATF 16949 追加要求事項のポイント]

供給者選定プロセスに関して、図 8.26 ①～③に示す事項を実施することを求めています。供給者選定プロセスを文書化します。

供給者選定プロセスには、供給者の製品適合性、製品供給能力に対するリスクの評価、品質・納入パフォーマンス、供給者の品質マネジメントシステムの評価、ソフトウェア開発能力の評価（該当する場合）などを含めます。

[旧規格からの変更点]　（変更の程度：大）

新規要求事項です。

8.4.1.3　顧客指定の供給者（指定購買）（IATF 16949 追加要求事項）

[IATF 16949 追加要求事項のポイント]

顧客指定の供給者に関して、図 8.26 ④～⑤を実施することを求めています。

項　目	例
プロセス	製造・加工・組立など ・サブアセンブリ・整列・選別・手直しを含む。
製品	製品・部品・材料・副資材など
サービス	熱処理・めっき・測定機器の校正・運送など

図 8.25　外部から提供されるプロセス・製品・サービス（例）

顧客指定の供給者だからといって、組織の責任が免除されることはありません。供給者選定プロセス（箇条8.4.1.2）を除く、外部から提供されるプロセス・製品・サービスの管理（箇条8.4）のすべての要求事項への適合が必要です。

［**旧規格からの変更点**］　（旧規格 7.4.1.3）（変更の程度：小）
　大きな変更はありません。

項　目	実施事項
供給者選定プロセスの対象 （8.4.1.2）	①　文書化した供給者選定プロセスをもつ。 ②　供給者選定プロセスには、次の事項を含める。 　a)　選定される供給者の製品適合性、および顧客に対する製品の途切れない供給に対するリスクの評価 　b)　品質・納入パフォーマンス 　c)　供給者の品質マネジメントシステムの評価 　d)　部門横断的意思決定 　e)　ソフトウェア開発能力の評価（該当する場合には必ず）
供給者選定基準 （8.4.1.2）	③　供給者の選定基準には、次の事項を考慮することが望ましい。 ・自動車事業の規模（絶対値および事業全体おける割合） ・財務的安定性 ・購入された製品・材料・サービスの複雑さ ・必要な技術（製品・プロセス） ・利用可能な資源の適切性（例　人材・インフラストラクチャ） ・設計・開発の能力（プロジェクトマネジメントを含む） ・製造の能力 ・変更管理プロセス ・事業継続計画（例　災害への準備・緊急事態対応計画） ・物流プロセス ・顧客サービス
顧客指定供給者 （指定購買） （8.4.1.3）	④　製品・材料・サービスを顧客指定の供給者から購買する（顧客に規定された場合）。 ⑤　箇条8.4のすべての要求事項は、（組織と顧客との間で契約によって定められた特定の合意がない限り）顧客指定の供給者の管理に対して、適用される。 ・箇条8.4.1.2供給者選定プロセスの対象の要求事項を除く。

図 8.26　供給者選定プロセスおよび顧客指定の供給者

8.4.2　管理の方式および程度（ISO 9001 要求事項）

［ISO 9001 要求事項のポイント］

　外部から提供されるプロセス・製品・サービスの管理の方式と程度に関して、図 8.27 ①、②に示す事項を実施することを求めています。

［旧規格からの変更点］（旧規格 7.4.1、7.4.3）（変更の程度：小）

　図 8.27 ②が追加され、要求事項が多くなりました。

項　目	実施事項
管理の方式と程度 （8.4.2）	①　外部から提供されるプロセス・製品・サービスが、顧客に一貫して適合した製品・適合サービスを引き渡すという、組織の能力に悪影響を及ぼさないことを確実にする。 ②　そのために、次の事項を行う。 　a)　外部から提供されるプロセスを、品質マネジメントシステムの管理下にとどめることを、確実にする。 　b)　外部提供者およびそのアウトプットの管理を定める。 　c)　次の事項を考慮に入れる。 　　1)　外部から提供されるプロセス・製品・サービスが、顧客要求事項および適用される法令・規制要求事項を一貫して満たす組織の能力に与える潜在的な影響 　　2)　外部提供者によって適用される管理の有効性 　d)　外部から提供されるプロセス・製品・サービスに対する検証またはその他の活動を明確にする。
管理の方式と程度を選定するプロセスの文書化 （8.4.2.1）	③　次の文書化したプロセスをもつ。 ・アウトソースしたプロセスを特定するプロセス ・外部から提供される製品・プロセス・サービスに対し、内部・外部顧客の要求事項への適合を検証するために用いる管理の方式と程度を選定するプロセス
管理の方式と程度を選定するプロセスに含める事項 （8.4.2.1）	④　そのプロセスには、次の開発活動を含める。 ・管理の方式と程度を拡大または縮小する判断基準と処置 ・供給者パフォーマンス、製品・材料・サービスのリスク評価 ⑤　特性・コンポーネントが、妥当性確認・管理なしに、品質マネジメントシステムを"パススルー（通過）"となる場合は、適切な管理が製造場所で行われていることを確実にする。

図 8.27　外部提供プロセス・製品・サービスの管理の方式と程度

8.4.2.1　管理の方式および程度－補足（IATF 16949 追加要求事項）

[IATF 16949 追加要求事項のポイント]

アウトソースしたプロセスに用いる管理の方式と程度を選定するプロセスに関して、図 8.27 ③、④に示す事項を実施することを求めています。

アウトソースしたプロセスを特定するためのプロセス、および管理の方式と程度を選定するプロセスを文書化することが求められています。

[旧規格からの変更点]（旧規格 4.1、7.4.1）（変更の程度：中）

図 8.27 ③、④が追加されました。

8.4.2.2　法令・規制要求事項（IATF 16949 追加要求事項）

[IATF 16949 追加要求事項のポイント]

購入製品・プロセス・サービスに関係する法令・規制要求事項への対応に関して、図 8.28 ①、②に示す事項を実施することを求めています。

供給者の法令・規制要求事項への適合を確実にするプロセスの文書化を求めています。

[旧規格からの変更点]（旧規格 7.4.1.1）（変更の程度：中）

図 8.28 ①、②に示すように、購買製品に関する法令・規制要求事項の具体的な内容が追加されました。

①では、仕向国（最終出荷先）が追加されました。

項　目	実施事項
法令・規制要求事項への適合を確実にするプロセスの文書化(8.4.2.2)	①　購入した製品・プロセス・サービスが、受入国・出荷国および仕向国（顧客に特定され、現在該当する法令・規制要求事項が提供される場合）の要求事項に適合することを確実にするプロセスを文書化する。
顧客の特別管理の要求(8.4.2.2)	②　顧客が、法令・規制要求事項をもつ製品に対して特別管理を定めている場合は、供給者で管理する場合を含めて、定められたとおりに実施し、維持することを確実にする。

図 8.28　購入製品・プロセス・サービスに関係する法令・規制要求事項

8.4.2.3　供給者の品質マネジメントシステム開発（IATF 16949 追加要求事項）
［IATF 16949 追加要求事項のポイント］

供給者の品質マネジメントシステム開発に関して、図 8.29 ①〜④に示す事項を実施することを求めています。基本は④ a)の ISO 9001 認証で、最終目標が、d)の IATF 16949 認証ということになります。

ISO 9001 認証が④ a)、b)および c)の 3 つにわかれています。また、b)および c)は、第二者監査による IATF 16949 などへの適合が条件となっており、そのためには、第二者監査員の力量（箇条 7.2.4）が必要となります。

この要求事項の対象は、自動車の製品・サービスの供給者、すなわち製造（manufacturing）の供給者です。

［旧規格からの変更点］（旧規格 7.4.1.2）（変更の程度：大）

供給者の品質マネジメントシステム開発の具体的な内容が追加されました。

項　目	実施事項
供給者に対する、品質マネジメントシステム開発の要求 (8.4.2.3)	①　自動車の製品・サービスの供給者に、IATF 16949 規格に認証されることを最終的な目標として、品質マネジメントシステム（QMS）の開発・実施・改善を要求する。 ②　リスクベースモデルを用いて、供給者の QMS 開発の最低許容レベルおよび QMS 開発レベルの目標を決定する。 ③　顧客による他の許可がない限り、ISO 9001 に認証された QMS は、最初の最低許容開発レベルである。
品質マネジメントシステム開発の順序(8.4.2.3)	④　現在のパフォーマンスと顧客に対する潜在的なリスクにもとづいて、目標は、供給者の次の QMS 開発に進捗するものとする。 　a)　ISO 9001 認証（第三者審査） 　b)　ISO 9001 認証（第三者審査） 　　＋顧客が定めた他の品質マネジメントシステム要求事項への適合（第二者監査） 　c)　ISO 9001 認証（第三者審査） 　　＋IATF 16949 への適合（第二者監査） 　d)　IATF 16949 認証（IATF 認定認証機関による第三者審査） 注記　顧客が承認した場合、QMS 開発の最低許容レベルは、第二者監査による ISO 9001 への適合である。

図 8.29　供給者の品質マネジメントシステム開発

8.4.2.3.1 自動車製品に関係するソフトウェアまたは組込みソフトウェアをもつ製品（IATF 16949 追加要求事項）

［IATF 16949 追加要求事項のポイント］

自動車製品に関係するソフトウェアまたは組込みソフトウェアをもつ製品に関して、図8.30 ①～③に示す事項を実施することを求めています。

ソフトウェアおよび組込みソフトウェアをもつ製品の管理に関しては、今までに次のような項目で要求事項として出てきました。

・組込みソフトウェアをもつ製品の開発（箇条 8.3.2.3）
・設計・開発の妥当性確認（箇条 8.3.4.2）
・設計・開発の変更－補足（箇条 8.3.6.1）

ここでは、供給者に対して、ソフトウェアおよび組込みソフトウェアをもつ製品に対する管理について述べていますが、前にも述べたようにソフトウェアはブラックボックス的な点が大きいため、それをアウトソースした場合には、その管理が一層重要になるといえます。ISO 26262（自動車機能安全規格）やオートモーティブ（automotive）SPICE の適用を考慮することも有効は方法でしょう。

［旧規格からの変更点］（変更の程度：大）

新規要求事項です。

項　目	実施事項
供給者によるソフトウェア開発の管理（8.4.2.3.1）	① 次の供給者に対して、その製品に対するソフトウェア品質保証のためのプロセスを実施し、維持することを要求する。 ・自動車製品に関係するソフトウェアの供給者 ・組込みソフトウェアを含む自動車製品の供給者
	② ソフトウェア開発評価の方法論は、供給者のソフトウェア開発を評価するために活用する。
	③ リスクおよび顧客へ及ぼす潜在的影響にもとづく優先順位づけを用いて、供給者にソフトウェア開発能力の自己評価の文書化した情報を保持するよう要求する（記録）。

図 8.30　供給者によるソフトウェア開発の管理

8.4.2.4　供給者の監視（IATF 16949 追加要求事項）

［IATF 16949 追加要求事項のポイント］

供給者の監視に関して、図 8.31 ①～③に示す事項を実施することを求めています。

供給者パフォーマンス評価プロセスの文書化を求めています。

供給者パフォーマンスの評価指標のなかに、② d) 特別輸送費（premium freight）の発生件数があります。

特別輸送費とは、"契約した輸送費に対する割増しの費用または負担"のことです。その理由は、例えば通常は船便で送るところ、生産が遅れたために航空便を使用したとします。これは、単に特別輸送費がかかったとか、近い将来納期問題を引き起こす可能性があるというだけでなく、納期遅れに対する製造上の原因を究明して改善につなげることがねらいです。

［旧規格からの変更点］（旧規格 7.4.3.2）（変更の程度：中）

供給者パフォーマンス評価プロセスの文書化を求めています。

また、供給者パフォーマンスの評価指標が、図 8.31 ②、③のように具体的になりました。

項　目	実施事項
供給者パフォーマンス評価プロセスの文書化 （8.4.2.4）	①　外部から提供される製品・プロセス・サービスの、内部・外部顧客の要求事項への適合を確実にするために、供給者のパフォーマンスを評価する、文書化したプロセスおよび判断基準をもつ。
供給者パフォーマンスの評価指標 （8.4.2.4）	②　次の事項を含め、供給者のパフォーマンス指標を監視する。 　　a)　納入された製品の要求事項への適合 　　b)　受入工場において顧客が被った迷惑 　　　・構内保留・出荷停止を含む。 　　c)　納期パフォーマンス 　　d)　特別輸送費の発生件数 ③　次の事項も供給者パフォーマンスの監視に含める（顧客から提供された場合）。 　　e)　品質問題・納期問題に関する、顧客からの特別状態の通知 　　f)　ディーラーからの返却・補償・市場処置・リコール

図 8.31　供給者パフォーマンスの監視

8.4.2.4.1　第二者監査（IATF 16949 追加要求事項）

[IATF 16949 追加要求事項のポイント]

　第二者監査、すなわち供給者に対する監査に関して、図8.32 ①〜⑦に示す事項を実施することを求めています。

　供給者の品質マネジメントシステム開発（箇条8.4.2.3）において、ISO 9001への適合やIATF 16949への適合を供給者に要求することを述べています。その際には第二者監査が必要となります。

　第二者監査では、自動車産業プロセスアプローチ式監査技法、IATF 16949要求事項、コアツールの理解、供給者の製造工程の知識を含めて、第二者監査員の力量の確保が必要です。第二者監査員に必要な力量については、箇条7.2.4で述べています。

[旧規格からの変更点]（変更の程度：大）

　新規要求事項です。

項　目	実施事項
第二者監査プロセス （8.4.2.4.1）	①　供給者の管理方法に、第二者監査プロセスを含める。 ②　第二者監査は、次の事項に対して使用してもよい。 　a）　供給者のリスク評価 　b）　供給者の監視 　c）　供給者の品質マネジメントシステム開発 　d）　製品監査 　e）　工程監査 ③　第二者監査の必要性・方式・頻度・範囲を決定するための基準を文書化する。 ④　この基準には、次のようなリスク分析にもとづく。 　・製品安全・規制要求事項 　・供給者のパフォーマンス 　・品質マネジメントシステム認証レベル ⑤　第二者監査報告書の記録を保持する。
第二者監査の方法 （8.4.2.4.1）	⑥　第二者監査で品質マネジメントシステムを評価する場合、その方法は自動車産業プロセスアプローチと整合性をとる。 ⑦　注記　IATF監査員ガイドおよびISO 19011参照

図 8.32　第二者監査

8.4.2.5 供給者の開発（IATF 16949 追加要求事項）

[IATF 16949 追加要求事項のポイント]

現行（既存）の供給者の開発（レベル向上）に関して、図 8.33 ①～③に示す事項を実施することを求めています（図 8.34 参照）。

[旧規格からの変更点]（変更の程度：大）

新規要求事項です。

項　目	実施事項
供給者開発方式の決定(8.4.2.5)	①　現行の供給者に対し、必要な供給者開発の優先順位・方式・程度・タイミング（スケジュール）を決定する。
供給者開発方式決定のためのインプット(8.4.2.5)	②　供給者開発方式を決定するためのインプットには、次の事項を含める。 a)　供給者の監視(8.4.2.4 参照)を通じて特定されたパフォーマンス問題 b)　第二者監査の所見(8.4.2.4.1 参照) c)　第三者品質マネジメントシステム認証の状態 d)　リスク分析
必要な処置の実施(8.4.2.5)	③　未解決（未達）のパフォーマンス問題の解決のため、および継続的改善に対する機会を追求するために、必要な処置を実施する。

図 8.33　供給者の開発

```
┌─────────────────┐   ・供給者の監視の結果判明したパフォーマンスの問題
│ インプット情報の監視 │   ・第二者監査の結果（所見）
└─────────────────┘   ・第三者認証の状態（ISO 9001 認証など）
         ↓            ・リスク分析
┌─────────────────┐
│ 供給者開発方法の決定 │   ・供給者開発の優先順位、方式・程度、スケジュール
└─────────────────┘
         ↓
┌─────────────────┐   ・未解決（未達）のパフォーマンス問題解決のため
│ 必要な処置の実施   │   ・継続的改善の機会追求のため
└─────────────────┘
```

図 8.34　供給者開発のフロー

8.4.3　外部提供者に対する情報(ISO 9001 要求事項)

[ISO 9001 要求事項のポイント]

外部提供者への情報に関して、図8.35①、②を実施することを求めています。

[旧規格からの変更点]（箇条 7.4.3）（変更の程度：小）

図 8.35 ② e)が追加されました。

8.4.3.1　外部提供者に対する情報－補足（IATF 16949 追加要求事項）

[IATF 16949 追加要求事項のポイント]

外部提供者への情報に関して、図8.35③を実施することを求めています。

[旧規格からの変更点]（箇条 7.4.2）（変更の程度：中）

図 8.35 ③の法令・規制要求事項および特殊特性に関する供給者への管理の要求が追加されています。

項　目	実施事項
情報の妥当性確認 (8.4.3)	①　外部提供者に情報を伝達する前に、要求事項が妥当であることを確実にする。
情報の内容(8.4.3)	②　次の事項に関する要求事項を、外部提供者に伝達する。 　a)　提供されるプロセス・製品・サービス 　b)　次の事項についての承認 　　1)　製品・サービス 　　2)　方法・プロセス・設備 　　3)　製品・サービスのリリース 　c)　必要な力量（必要な適格性を含む） 　d)　組織と外部提供者との相互作用 　e)　組織が行う、外部提供者のパフォーマンスの管理・監視 　f)　組織・顧客が、外部提供者先での実施する検証・妥当性確認活動
供給者への要求 (8.4.3.1)	③　法令・規制要求事項、ならびに製品・製造工程の特殊特性を供給者に引き渡し、サプライチェーンをたどって、製造現場にまで、該当する要求事項を展開するよう、供給者に要求する。

図 8.35　外部提供者への情報

8.5　製造およびサービス提供

8.5.1　製造およびサービス提供の管理(ISO 9001 要求事項＋IATF 16949 追加要求事項)

[ISO 9001 要求事項のポイント]

　製造・サービス提供の管理に関して、図8.36 ①、②に示す事項を実施することを求めています。これには、製造条件・製造設備の管理と、監視・測定すなわち検査・試験装置の管理の両方が含まれています。

　①の"製造・サービス提供を、管理された状態で実行する"とは、次のことを言います。

　・決められたルール・条件どおりに製造する。

　・製造工程が統計的に安定している(すなわち管理された状態である)。

　②の"管理された状態には次の事項を含める"とは、管理された状態のために実施する事項と考えるとよいでしょう。

　② -f)は、いわゆる特殊工程などの妥当性確認が必要なプロセスの妥当性確認について述べています。この項目は、製品の検査が容易にできない製造プロセスに適用されます。図8.37 の a)と b)は、そのようなプロセスを<u>量産工程に適用する前に</u>、そのプロセスの妥当性(validation)を確認することを述べています。c)は、その手順どおりに実行すること、そして d)の"プロセスの妥当性の再確認"は、そのプロセスがその後も引き続き妥当であることを定期的に再確認するように求めるものです。

　この図8.36 ② f)は、①で規定されたとおりに製造(あるいはサービス提供)を行った後で、適合性を確認することであると誤解されている場合があり、注意が必要です(図8.37 参照)。なお製造プロセスを設計・開発の対象と考えた場合は、箇条 8.3.4 の設計・開発の妥当性確認が、箇条 8.5.1-f)のプロセスの妥当性確認に相当すると考えることができます。

　図8.36 ② g)は、ヒューマンエラーを防止するための処置を実施することを述べています。IATF 16949 規格箇条 10.2.4 ポカヨケが、これに相当します。

[IATF 16949 追加要求事項のポイント]

インフラストラクチャの管理に関して、図 8.36 ③に示す事項を実施することを述べています。これは、図 8.36 ②の b) と d) を、それぞれ補足したものです。

[旧規格からの変更点]（箇条 7.5.1）（変更の程度：中）

図 8.36 ② g) が追加されました。

なお、旧規格 7.5.2.1 製造およびサービス提供に関するプロセスの妥当性確認‐補足で述べていた、"要求事項 7.5.2 は、製造およびサービス提供に関するすべてのプロセスに適用しなければならない"は、なくなりました。

項　目	実施事項
管理された状態で実行（8.5.1）	①　製造・サービス提供を、管理された状態で実行する。
管理された状態のために実施する事項（8.5.1）	②　管理された状態には次の事項を含める（該当するものは必ず）。 　a)　次の事項を定めた文書化した情報を利用できるようにする。 　　1)　製造する製品、提供するサービスまたは実施する活動の特性 　　2)　達成すべき結果 　b)　監視・測定のための資源を利用できるようにし、かつ使用する。 　c)　プロセスまたはアウトプットの管理基準、ならびに製品・サービスの合否判定基準を満たしていることを検証するために、適切な段階で監視・測定活動を実施する。 　d)　プロセスの運用のために適切なインフラストラクチャ・環境を使用する。 　e)　力量を備えた人々を任命する（必要な適格性を含む）。 　f)　製造・サービス提供のプロセスで結果として生じるアウトプットを、それ以降の監視・測定で検証することが不可能な場合には、製造・サービス提供に関するプロセスの、計画した結果を達成する能力について、妥当性を確認し、定期的に妥当性を再確認する。 　g)　ヒューマンエラーを防止するための処置を実施する。 　h)　リリース、顧客への引渡しおよび引渡し後の活動を実施する。
インフラストラクチャ（8.5.1）	③　注記　インフラストラクチャには、製品の適合を確実にするために必要な製造設備を含む。 ・監視・測定のための資源には、製造工程の効果的な管理を確実にするために必要な監視・測定設備を含む。

図 8.36　製造・サービス提供の管理

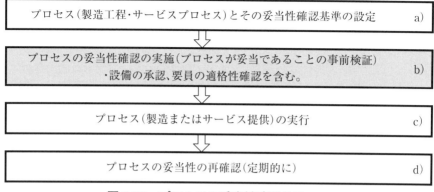

図 8.37　プロセスの妥当性確認のフロー

8.5.1.1　コントロールプラン（IATF 16949 追加要求事項）

[IATF 16949 追加要求事項のポイント]

コントロールプラン（control plan）に関して、図 8.3 ①〜⑨に示す事項を実施することを求めています。

量産試作段階と量産段階のコントロールプランを作成します。コントロールプランに含める項目は、IATF 16949 規格の附属書 A に規定されていますが、図 8.38 ⑦に記載された項目も含めます。

製造とその管理は、コントロールプランに従って行われることになります。

図 8.38 ①は、コントロールプランは、製造サイトごとおよび製品ごとに作成すること、⑤は、プロセス FMEA や製造工程フロー図をインプット情報として、コントロールプランを作成すること、⑦ b)は、コントロールプランには、初品・終品の妥当性確認を含めること、そして e)は、不適合製品が検出された場合や、製造工程が不安定または能力不足になった場合の対応処置の方法を記載することを述べています。コントロールプランは、適切に見直しを行い、つねに最新の内容にしておくことが必要です。

コントロールプランの様式の例を図 8.39 に示します。

[旧規格からの変更点]（箇条 7.5.1.1）（変更の程度：中）

図 8.38 の次の事項が追加されています。

・①製造サイトのコントロールプラン
・⑥、⑦ a)、b)、⑧ g)、h)、i)

項　目	実施事項
コントロールプランの種類 (8.5.1.1)	① 該当する製造サイトおよびすべての供給する製品に対して、コントロールプランを策定する。 ② コントロールプランは、システム、サブシステム、構成部品、または材料のレベルで作成する。 ・また、部品だけでなくバルク材料を含めて、作成する。 ③ ファミリーコントロールプランは、バルク材料および共通の製造工程を使う類似の部品に対して容認される。 ④ 量産試作および量産に対して、コントロールプランを作成する。 ・試作コントロールプランは顧客の要求がある場合に要求事項となる
コントロールプランのインプット (8.5.1.1)	⑤ コントロールプランは、設計リスク分析からの情報や、工程フロー図、および製造工程のリスク分析のアウトプット（FMEAのような）からの情報を反映させる。 ⑥ 量産試作・量産コントロールプランを実行した時に集めた、測定・適合データを顧客に提供する（顧客から要求される場合）。
コントロールプランに含める内容 (8.5.1.1)	⑦ 次の事項をコントロールプランに含める。 a) 製造工程の管理手段（作業の段取り替え検証を含む） b) 初品・終品の妥当性確認（該当する場合には必ず） c) （顧客・組織の双方で定められた）特殊特性の管理の監視方法 d) 顧客から要求される情報（該当する場合） e) 次の場合の対応計画 ・不適合製品が検出された場合 ・工程が統計的に不安定または統計的に能力不足になった場合
コントロールプランの更新 (8.5.1.1)	⑧ 次の事項が発生した場合、コントロールプランをレビューし、（必要に応じて）更新する。 f) 不適合製品を顧客に出荷した場合 g) 製品・製造工程・測定・物流・供給元・生産量変更・リスク分析（FMEA）に影響する変更が発生した場合（附属書A参照） h) 顧客苦情および関連する是正処置が実施された後（該当する場合には必ず） i) リスク分析にもとづいて設定された頻度で
顧客の承認 (8.5.1.1)	⑨ 顧客に要求される場合は、コントロールプランのレビュー・改訂の後で、顧客の承認を得る。

図 8.38　コントロールプラン

第8章 運用

コントロールプラン

☐試作　☐量産試作　■量産

製品名	組織名					コントロールプラン番号		
自動車部品○○	○○精機(株)					CP-xxx		
製品番号	サイト(工場)名／コード					発行日付		改訂日付
xxxx	○○工場／xxxx					20xx-xx-xx		20xx-xx-xx
顧客名／顧客要求事項	顧客承認・日付					主要連絡先		
○○社／仕様書 xxxxx	○○社○○○○, 20xx-xx-xx					○○部 ○○○○		
技術変更レベル(図面・仕様書番号・日付)	APQPチーム					サイト(工場)長承認・日付		
xxxx(xxxx, 20xx-xx-xx)	○○○○, ○○○○, ○○○○					○○○○(印), 20xx-xx-xx		

| 番号 | 工程名 | 装置・治工具 | 特性 | | 分類 | 管理方法 | | | | | 対応計画 |
			製品	工程		仕様・公差	測定方法	数量	頻度	管理方法	是正処置
…	…	…	…	…	…	…	…	…	…	…	…
11	研削工程	旋盤	寸法1		△	105±0.5	ノギス	2個	ロットごと	図面A	手順書A
12	焼入工程	熱処理炉		熱処理温度	△	1000±20	温度計	連続	ロットごと	手順書B	手順書B
				熱処理時間		10±0.1	時計				
			硬度		△	25±2	硬度計	2個	ロットごと	手順書C	手順書C
13	研磨工程	研磨機	寸法2		△	100±0.2	ノギス	2個	ロットごと	図面B	手順書A
			寸法2 工程能力		△	$C_{pk} \geq 1.67$	ノギス	30個	1週間ごと	手順書D	手順書D
…	…	…	…	…	…	…	…	…	…	…	…

図8.39　コントロールプラン(例)

8.5.1.2　標準作業－作業者指示書および目視標準（IATF 16949 追加要求事項）

［IATF 16949 追加要求事項のポイント］

　標準作業文書（作業者指示書および目視標準）に関して、図 8.40 ①、②に示す事項を実施することを求めています。

　図 8.40 ① c）では、"要員に理解される言語で提供する"と述べています。日本語が理解できない作業者がいる場合は、その人がわかる言葉で作業指示書を準備することが必要です。

　②では、作業者の安全に対する規則を作業文書に含めることを述べています。箇条 7.1.4.1 図 7.3 ④の要員の安全で述べたことに相当します。例えば、会社の安全規則などの文書で対応する方法も考えられますが、できればそれぞれの作業文書に安全に関する事項を記載するのがよいでしょう。

　目視標準には、外観見本（サンプル）と、外観検査の標準書が考えられます。外観検査見本に関しては、箇条 8.6.3 外観品目において規定されています。

　図 8.40 ②の標準作業文書には、いわゆる紙媒体の文書以外に、例えば通止ゲージ（go/no-go ゲージ）のような検査標準も考えられます。通止ゲージや外観検査見本などの検査標準は、良品（規格内のぎりぎりのもの）と、不良品（規格外れのぎりぎりのもの）の両方を準備するとよいでしょう。

［旧規格からの変更点］（旧規格 7.5.1.2）（変更の程度：小）

　図 8.40 ②の安全規則が追加されました。

項　目	実施事項
作業者指示書および目視標準 （8.5.1.2）	①　標準作業文書が次のとおりであることを確実にする。 　a)　作業を行う責任をもつ従業員に伝達され、理解される。 　b)　読みやすい。 　c)　それに従う責任のある要員に理解される言語で提供する。 　d)　指定された作業現場で利用可能である。 ②　標準作業文書には、作業者の安全に対する規則も含める。

図 8.40　作業指示書および目視標準

8.5.1.3　作業の段取り替え検証（IATF 16949 追加要求事項）

[IATF 16949 追加要求事項のポイント]

作業の立上げ、材料切り替え、作業変更のような新しい設定を必要とする、作業の段取り替え検証（verification of job set-ups）に関して、図8.41 ①に示す事項を実施することを求めています。

段取り替えの検証とは、仕事のセットアップ（job set-ups）、例えば、作業の立ち上げや材料を変更したときの確認、および金型などの治工具を交換したり、休止していた設備を再稼働した場合などに、設備の立ち上げ時の確認を行うことで、条件出しの検証のことです。

段取り替えの検証の方法には、図8.41 ① c)に示すように、"統計的手法の利用"があります。すなわち段取り替え検証の目的は、段取り替え前の実績のある（安定した）工程と比較することであって、単に製品規格の範囲に入っていることの確認ではありません。したがって、前回の実績のある製造工程が安定していることが前提であることはいうまでもありません。

[旧規格からの変更点]（箇条 7.5.1.3）（変更の程度：中）

図8.41 ① b)、d)、eが追加されています。

8.5.1.4　シャットダウン後の検証（IATF 16949 追加要求事項）

[IATF 16949 追加要求事項のポイント]

製造ラインのシャットダウン（production shutdown）後に、製品が要求事項に適合することを確実にするために必要な処置に関して、図8.42 ②に示す事項を実施することを求めています。

シャットダウンは、"製造工程が稼働していない状況。期間は、数時間から数カ月でもよい"と定義されています。

シャットダウンには計画的なシャットダウン（例えば、年末年始や夏季の長期休業、あるいは生産調整など）と、非計画的シャットダウン（例えば、地震・台風や予期せぬ停電など）があり、これらの両方について考えることが必要です。

VDA6.3（プロセス監査）で要求事項であったものが追加されています。

[旧規格からの変更点]（変更の程度：大）

新規要求事項です。

項　目	実施事項
作業の段取り替え検証（8.5.1.3）	① 段取り替え検証に関して、次の事項を実施する。 　a）　次のような新しい段取り替えが実施される場合は、作業の段取り替えを検証する。 　　　・作業の立上げ 　　　・材料切り替え 　　　・作業変更 　b）　段取り替え要員のために文書化した情報を維持する。 　c）　検証に統計的方法を使用する（該当する場合は必ず）。 　d）　初品・終品の妥当性確認を実施する（該当する場合は必ず）。 　　　・必要に応じて、初品は終品との比較のために保持し、終品は次の工程稼働まで保持することが望ましい。 　e）　段取り替え、初品・終品の妥当性確認後の工程、および製品承認の記録を保持する。
シャットダウン後の検証（8.5.1.4）	② 計画的または非計画的シャットダウン後に、製品が要求事項に適合することを確実にするために必要な処置を定め、実施する。

図 8.41　作業の段取り替え検証およびシャットダウン後の検証

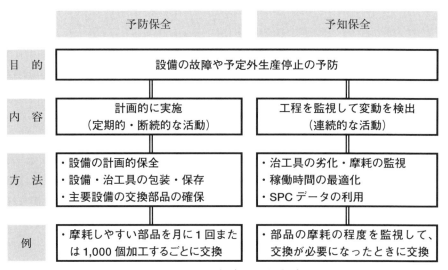

図 8.42　予防保全と予知保全

8.5.1.5　TPM（IATF 16949 追加要求事項）

［IATF 16949 追加要求事項のポイント］

TPM（総合的設備管理、total productive maintenance）に関して、図 8.43 ①、②に示す事項を実施することを求めています。

文書化した TPM システムを求めています。

図 8.43 ② i）に記載したように、予防保全（preventive maintenance）の一つに予知保全（predictive maintenance）があります。予防保全が、例えば摩耗しやすい部品を月に 1 回交換するなど定期的に行うのに対して、予知保全は、部品の摩耗の程度を継続的に監視して、交換が必要になったときに交換するというように、生産設備の有効性を継続的に改善するために行われます（図 8.42 参照）。

［旧規格からの変更点］（旧規格 7.5.1.4）（変更の程度：中）

図 8.43 ② e）、f）、g）が追加されています。

項　目	実施事項
TPM システムの文書化（8.5.1.5）	①　文書化した TPM システムを構築・実施・維持する。
TPM システムに含める内容（8.5.1.5）	②　TPM システムには、次の事項を含める。 　a）　要求された量の製品を生産するために必要な工程設備の特定 　b）　a）項で特定された設備に対する交換部品の入手性 　c）　機械・設備・施設の保全のための資源の提供 　d）　設備・治工具・ゲージの包装・保存 　e）　顧客固有要求事項 　f）　文書化した保全目標 　　例えば、総合設備効率（OEE）、平均故障間隔（MTBF）、平均修理時間（MTTR）および予防保全の順守指標 　　・保全目標に対するパフォーマンスは、マネジメントレビューへのインプットとする。 　g）　目標が未達であった場合の、保全計画・目標および是正処置に取り組む文書化した処置計画に関する定期的レビュー 　h）　予防保全の方法の使用 　i）　予知保全の方法の使用（該当する場合） 　j）　定期的オーバーホール

図 8.43　TPM

8.5.1.6 生産治工具ならびに製造、試験、検査の治工具および設備の運用管理（IATF 16949 追加要求事項）

[IATF 16949 追加要求事項のポイント]

生産治工具ならびに製造・試験・検査の治工具、および設備の運用管理に関して、図 8.44 ①～④に示す事項を実施することを求めています。

生産治工具の運用管理システムの確立を求めています。

[旧規格からの変更点]（旧規格 7.5.1.5、7.5.4.1）（変更の程度：小）

図 8.44 ①の"生産・サービス用材料およびバルク材料のための"が追加されました。

項　目	実施事項
治工具・設備の運用管理システムの確立(8.5.1.6)	①　生産・サービス用材料およびバルク材料のための治工具・ゲージの設計・製作・検証活動に対して、資源を提供する（該当する場合には必ず）。 ②　下記を含む、生産治工具の運用管理システムを確立し、実施する。 　・これには、組織所有・顧客所有の生産治工具を含む。 　a)　保全・修理用施設・要員 　b)　保管・補充 　c)　段取り替え 　d)　消耗する治工具の交換プログラム 　e)　治工具設計変更の文書化（製品の技術変更レベルを含む） 　f)　治工具の改修および文書の改訂 　g)　次のような治工具の識別 　　・シリアル番号または資産番号 　　・生産中・修理中・廃却の状況 　　・所有者 　　・場所
顧客所有の治工具・設備の管理(8.5.1.6)	③　顧客所有の治工具、製造設備、および試験・検査設備に、所有権および各品目の適用が明確になるように、見やすい位置に恒久的マークが付いていることを検証する。
治工具運用管理のアウトソース(8.5.1.6)	④　治工具の運用管理作業がアウトソースされる場合、これらの活動を監視するシステムを実施する。

図 8.44　治工具・設備の運用管理

8.5.1.7　生産計画（IATF 16949 追加要求事項）

［IATF 16949 追加要求事項のポイント］

　生産管理システムに関して、図 8.45 ①～③に示す事項を実施することを求めています。

　図 8.45 ①生産計画は、ジャストインタイム（JIT 、just-in-time）の受注生産方式（リーン生産システム）を基本とします。これは、顧客発注ベースの引っ張り生産方式、すなわち、顧客の注文を受けてから生産を行う、作り貯めをしない生産方式で、トヨタのカンバン方式に相当すると考えるとよいでしょう。

　図 8.45 ②は、製造工程の生産情報にアクセス可能な情報システムの採用を求めています。これは、顧客から注文を受けた製品が、現在生産のどの段階にあるかがわかる情報システムです。したがって、生産計画の対象は、単に生産予定だけでなく、生産途中の生産状況がわかるようにすることが必要です。

［旧規格からの変更点］（旧規格 7.5.1.6）（変更の程度：小）

　図 8.45 ③が追加されました。

項　目	実施事項
生産管理システムの基本（8.5.1.7）	①　次のことを確実にする生産管理システムとする。 ・ジャストインタイム（JIT）のような顧客の注文・需要を満たすために生産が計画されている。 ・発注・受注を中心としたシステムである。 ②　生産管理システムは、製造工程の重要なところで生産情報にアクセスできるようにする情報システムによってサポートされているようにする。
生産管理システムに含める内容（8.5.1.7）	③　次のような、生産計画中に関連する計画情報を含める。 ・顧客注文 ・供給者オンタイム納入パフォーマンス ・生産能力、共通の負荷（複数部品加工場） ・リードタイム ・在庫レベル ・予防保全 ・校正、など

図 8.45　生産計画

8.5.2　識別およびトレーサビリティ（ISO 9001 要求事項 + IATF 16949 追加要求事項）

［ISO 9001 要求事項のポイント］+［IATF 16949 追加要求事項のポイント］

識別（identification）およびトレーサビリティ（追跡性、traceability）に関して、図 8.48 ①～③に示す事項を実施することを求めています。

図 8.48 ①は製品の識別、②は検査状態の識別、③はトレーサビリティのための識別について述べています（図 8.46 参照）。

トレーサビリティとは、対象となっている製品の履歴や所在を追跡できること、およびその製品がどこから提供されているのか、現在はどこにあるのかがわかることです。例えば、出荷後の製品でクレームが発生した場合に、その製品について、次のような固有の識別が記録からわかるようにします。

・使用した材料・材料メーカー・入荷日・ロット番号など
・各工程の実施時期・使用設備・異常の有無など
・各段階の検査の記録（受入検査・工程内検査・最終検査など）

トレーサビリティには、下流から上流へたどる方法と、上流から下流へたどる方法があり、これらの両方が必要です。いずれも、個々のあるいはグループごとの固有の識別（固有の番号）があることが必要です。すなわち、製品や材料のロット番号、機械の製造番号、作業者の氏名などを記録しておくことで、その製品が、いつ、どこで、どのような設備によって、誰によって作られ、検査されたかがわかるように記録します。

トレーサビリティは、品質問題が発生した場合に、製品の影響の範囲を明確にし、修正や是正処置を速やかにかつ効果的にとるために必要となります。トレーサビリティの識別は、記録で確認します（図 8.47 参照）。

また IATF 16949 では、識別およびトレーサビリティに関して、図 8.48 ④に示す事項を実施することを述べています。

詳細なトレーサビリティのためには、コストがかかります。どの程度のトレーサビリティとするかは、顧客の要求と、組織としてのリスクを考慮して決めることになります。

［旧規格からの変更点］（旧規格 7.5.3）（変更の程度：小）

大きな変更はありません。

識別の種類	要求事項の意味	識別の方法
製品の識別	製品(材料・半製品を含む)の品名・品番は何かの識別(区別)	・品名、品番など
製品の監視・測定状態の識別	製品は検査前か後か、検査後であれば合格品か不合格品かの識別	・検査前後:表示、作業記録など ・検査後:合否、製品置場など
トレーサビリティのための識別	トレーサビリティ(追跡性)のための製品の固有の識別	・品番、ロット番号、作業記録、材料の検査証明書、作業者名など

図 8.46　3 種類の識別

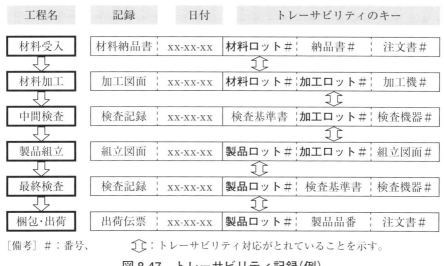

[備考] #:番号、　⇕:トレーサビリティ対応がとれていることを示す。

図 8.47　トレーサビリティ記録(例)

8.5.2.1　識別およびトレーサビリティー補足(IATF 16949 追加要求事項)
[IATF 16949 追加要求事項のポイント]

　識別およびトレーサビリティに関して、図 8.48 ⑤~⑦に示す事項を実施することを求めています。トレーサビリティは、自動車のリコールが必要になった場合には特に重要です。

[旧規格からの変更点]（変更の程度:中）
　新規要求事項です。

項　目	実施事項
識別・トレーサビリティの種類(8.5.2)	①　(製品・サービスの適合を確実にするために必要な場合)アウトプットを識別するために、適切な手段を用いる。…［製品の識別］ ②　(製造・サービス提供の全過程において)監視・測定の要求事項に関連して、アウトプットの状態を識別する。 　　　　　　　　　　　　　　　　　　　…［検査状態の識別］ ③　(トレーサビリティが要求事項の場合)アウトプットについて一意の識別を管理し、トレーサビリティを可能とするために必要な文書化した情報を保持する。　…［トレーサビリティの識別］
自動化製造工程の検査・試験の状態(8.5.2)	④　注記　検査・試験の状態は、自動化された製造搬送工程中の材料のように本質的に明確である場合を除き、生産フローにおける製品の位置によっては示されない。 ・状態が明確に識別され、文書化され、規定された目的を達成する場合は、代替手段が認められる。
トレーサビリティの目的(8.5.2.1)	⑤　トレーサビリティの目的は、顧客が受入れた製品、または市場において品質・安全関係の不適合を含んでいる可能性がある製品に対して、開始・停止時点を明確に特定することを支援するためにある。したがって、識別・トレーサビリティのプロセスを下記⑥、⑦に記載されているとおりに実施する。
トレーサビリティ計画(8.5.2.1)	⑥　すべての自動車製品に対して、従業員・顧客・消費者に対するリスクのレベルまたは故障の重大度にもとづいて、トレーサビリティ計画の策定・文書化を含めて、内部・顧客・規制のトレーサビリティ要求事項の分析を実施する。 ⑦　トレーサビリティの計画は、製品・プロセス・製造場所ごとに、適切なトレーサビリティシステム・プロセス・方法を、次のように定める。 a)　不適合製品および疑わしい製品を識別できるようにする。 b)　不適合製品および疑わしい製品を分別できるようにする。 c)　顧客・規制の対応時間の要求事項を満たす能力を確実にする。 d)　対応時間の要求事項を満たせる様式(電子版・印刷版・保管用)で文書化した情報を保持することを確実にする(記録)。 e)　個別製品のシリアル化された識別を確実にする(顧客または規制基準によって規定されている場合)。 f)　識別・トレーサビリティ要求事項が、安全・規制特性をもつ、外部から提供される製品に拡張適用することを確実にする。

図 8.48　識別・トレーサビリティ

8.5.3　顧客または外部提供者の所有物(ISO 9001 要求事項)

[ISO 9001 要求事項のポイント]

顧客または外部提供者の所有物について、図 8.49 ①～④に示す事項を実施することを求めています。

顧客(または外部提供者)の所有物には、顧客から支給された材料・部品、設備、治工具などがあります。図 8.49 ②の"防護"(safeguard)は、顧客の製品図面や仕様書、ソフトウェアなどの知的財産や個人情報の保護を考慮したものといえます。

図 8.49 ④は、顧客所有物を紛失したり損傷した場合や、使用には適さないとわかった場合には、顧客に報告し、記録を作成することを述べています。

顧客と契約した開発中の製品、プロジェクトおよび関係製品情報の機密保持については、箇条 8.1.2 の機密保持において述べています(図 8.2、p.139 参照)。

また、顧客所有の測定機器の管理に関しては、箇条 7.1.5.2.1 校正・検証の記録において述べています(図 7.5、p.119 参照)。

[旧規格からの変更点]（旧規格 7.5.4）（変更の程度：小）

顧客所有物に加えて、外部提供者の所有物が追加されました。

項　目	実施事項
顧客・外部提供者の所有物の管理 (8.5.3)	①　顧客・外部提供者の所有物について、それが組織の管理下にある間、または組織がそれを使用している間は、注意を払う。
	②　使用するため、または製品・サービスに組み込むために提供された、顧客・外部提供者の所有物の識別・検証・保護・防護を実施する。
	③　注記　顧客・外部提供者の所有物には、材料・部品・道具・設備・施設・知的財産・個人情報などが含まれる。
紛失・損傷した場合の処置(8.5.3)	④　顧客・外部提供者の所有物を紛失もしくは損傷した場合、またはこれらが使用に適さないと判明した場合には、その旨を顧客・外部提供者に報告し、発生した事柄について文書化した情報を保持する(記録)。

図 8.49　顧客または外部提供者の所有物の管理

8.5.4　保存（ISO 9001 要求事項）

[ISO 9001 要求事項のポイント]

製造・サービス提供のアウトプット（製品）の保存に関して、図 8.50 ①、②に示す事項を実施することを求めています。保存となっていますが、識別・取扱い・汚染防止・包装・保管・伝送・輸送・保護などが含まれます。

[旧規格からの変更点]（旧規格 7.5.5）（変更の程度：小）

大きな変更はありません。

8.5.4.1　保存－補足（IATF 16949 追加要求事項）

[IATF 16949 追加要求事項のポイント]

保存および在庫管理システムに関して、図 8.50 ③～⑦に示す事項を実施することを求めています。保存に加えて、劣化を検出するための保管中の製品の定期的な評価、在庫回転時間を最適化するため、および"先入れ先出し"（FIFO、first-in and first-out）のための在庫管理システムの使用について述べています。

[旧規格からの変更点]（旧規格 7.5.5.1）（変更の程度：小）

大きな変更はありません。

項　目	実施事項
保存（8.5.4）	①　製造・サービス提供を行う間、要求事項への適合を確実にするために、アウトプット（製品）を保存する。 ②　注記　保存に関わる考慮事項には、識別・取扱い・汚染防止・包装・保管・伝送・輸送・保護が含まれる。 ③　保存は、外部・内部の提供者からの材料・構成部品に、受領・加工を通じて、顧客の納入・受入れまでを含めて、適用する。 ④　顧客の保存・包装・出荷・ラベリング要求事項に適合する。
定期的な評価、および旧式製品の管理（8.5.4.1）	⑤　劣化を検出するために、保管中の製品の状態、保管容器の場所・方式、および保管環境を、適切に予定された間隔で評価する。 ⑥　旧式となった製品は、不適合製品と同様な方法で管理する。
在庫管理システム（8.5.4.1）	⑦　在庫回転時間を最適化するため、"先入れ先出し"（FIFO）のような、在庫の回転を確実にする、在庫管理システムを使用する。

図 8.50　保存および在庫管理システム

8.5.5　引渡し後の活動（ISO 9001 要求事項）

[ISO 9001 要求事項のポイント]

製品・サービスに関連する引渡し後の活動に関して、図 8.51 ①～③に示す事項を実施することを求めています。

なお図 8.51 ③において、補償条項（warranty provisions）があります。補償とは、損害・費用などを補いつぐなうことをいいます。そのような契約がある場合の対応と考えるとよいでしょう。

[旧規格からの変更点]（旧規格 7.5.1-f）（変更の程度：中）

引渡し後の活動の内容が具体的に規定されました。

8.5.5.1　サービスからの情報のフィードバック（IATF 16949 追加要求事項）

[IATF 16949 追加要求事項のポイント]

サービス部門からの情報のフィードバックに関して、図 8.51 ④～⑥に示す事項を実施することを求めています。

これは例えば、自動車の修理工場などの、外部のサービス部門からの情報を、組織の製造・技術・設計部門などにフィードバックすることを述べています。外部のサービス部門からの情報のフィードバックと考えるとよいでしょう。

図 8.51 ④では、これらの手順を決めて（プロセスの確立）、実施することを述べています。

[旧規格からの変更点]（旧規格 7.5.1.7）（変更の程度：小）

サービスからの情報のフィードバックの具体的な内容が追加されました。

8.5.5.2　顧客とのサービス契約（IATF 16949 追加要求事項）

[IATF 16949 追加要求事項のポイント]

顧客とのサービス契約に関して、図 8.51 ⑦に示す事項を実施することを求めています。

顧客とのサービス契約は、アフターサービス（after service）業務に関する顧客との契約がある場合のことです。この場合には、例えば修理などのアフターサービスに関して、組織のサービスセンターの活動の有効性、特殊治工具・測定装置の有効性、およびサービス要員の教育・訓練の有効性を検証します。

項　目	実施事項
引渡し後の活動 (8.5.5)	①　製品・サービスに関連する引渡し後の活動に関する要求事項を満たす。
	②　要求される引渡し後の活動の程度を決定するにあたって、次の事項を考慮する。 a)　法令・規制要求事項 b)　製品・サービスに関連して起こり得る望ましくない結果 c)　製品・サービスの性質、用途および意図した耐用期間 d)　顧客要求事項 e)　顧客からのフィードバック
	③　注記　引渡し後の活動には、補償条項(warranty provisions)・メンテナンスサービスのような契約義務、およびリサイクル・最終廃棄のような付帯サービスの活動が含まれ得る。
サービスからの情報のフィードバック(8.5.5.1)	④　製造・材料の取扱い・物流・技術・設計活動へのサービスの懸念事項に関する情報を伝達するプロセスを確立・実施・維持する。
	⑤　注記1　この箇条に"サービスの懸念事項"を追加する意図は、顧客のサイトまたは市場で特定される可能性がある、不適合製品・不適合材料を組織が認識することを確実にするためである。
	⑥　注記2　"サービスの懸念事項"に、市場不具合の試験解析(10.2.6参照)の結果を含める(該当する場合には必ず)。
顧客とのサービス契約(8.5.5.2)	⑦　顧客とのサービス契約がある場合、次の事項を実施する。 a)　関連するサービスセンターが、該当する要求事項に適合することを検証する。 b)　特殊目的治工具・測定設備の有効性を検証する。 c)　サービス要員が、該当する要求事項について教育訓練されていることを確実にする。

図8.51　引渡し後の活動およびサービス業務

なお、箇条8.5.5.2の顧客とのサービス契約は、有償で行うサービス業務を意味します。一般的に無償で行う顧客に対するクレームサービス(苦情処理)は、箇条8.5.5.2の顧客とのサービス契約ではなく、箇条10.2.6の顧客苦情および市場不具合の試験・分析と考えるとよいでしょう。

[旧規格からの変更点]　(旧規格 7.5.1.8)(変更の程度：小)
図8.51 ⑦顧客とのサービス契約の具体的な内容が追加されました。

8.5.6 変更の管理（ISO 9001 要求事項）

［ISO 9001 要求事項のポイント］

製造・サービス提供に関する変更管理に関して、図8.52 ①、②に示す事項を実施することを求めています。

変更管理プロセスの文書化を求めています。

ここで述べているのは、製造・サービス提供に関する変更管理、すなわち製品実現プロセスの変更管理です。設計・開発の変更管理については、箇条8.3.6 で述べています。

項　目	実施事項
変更管理 (8.5.6)	①　製造・サービス提供に関する変更を、要求事項への継続的な適合を確実にするために、レビューし、管理する。
	②　変更のレビューの結果、変更を正式に許可した人、およびレビューから生じた必要な処置を記載した、文書化した情報を保持する（記録）。
変更管理プロセスの文書化 (8.5.6.1)	③　製品実現に影響する変更を管理し対応する文書化したプロセスをもつ。
	④　組織・顧客・供給者に起因する変更を含む、変更の影響を評価する。
変更管理における実施事項 (8.5.6.1)	⑤　変更管理に関して、次の事項を実施する。 　a)　顧客要求事項への適合を確実にするための検証・妥当性確認の活動を定める。 　b)　（生産における変更）実施の前に、変更の妥当性確認を行う。 　c)　関係するリスク分析の証拠を文書化する（記録）。 　d)　検証・妥当性確認の記録を保持する。
	⑥　変更は、製造工程に与える変更の影響の妥当性確認を行うために、その変更点（部品設計・製造場所・製造工程の変更のような）の検証に対する生産トライアル稼働を要求することが望ましい。 ・供給者で行う変更を含める。
	⑦　次の事項を実施する（顧客に要求される場合）。 　e)　製品承認後の、計画した製品実現の変更を顧客に通知する。 　f)　変更の実施の前に文書化した顧客の承認を得る。 　g)　生産トライアル稼働・新製品の妥当性確認のような、追加の検証・識別の要求事項を完了する。

図 8.52　変更管理

［旧規格からの変更点］（旧規格 7.3.7）（変更の程度：中）
設計変更ではない、製造・サービス提供の変更管理が追加されました。

8.5.6.1　変更の管理－補足（IATF 16949 追加要求事項）

［IATF 16949 追加要求事項のポイント］

製品実現に影響する変更の管理に関して、図 8.52 ③〜⑦に示す事項を実施することを求めています。

変更管理プロセスの文書化を要求しています。

図 8.52 の⑤〜⑦の内容を図示すると図 8.53 のようになります。

［旧規格からの変更点］（旧規格 7.1.4）（変更の程度：中）

図 8.52 ③、⑤ c)、d)、⑥生産トライアル稼働、⑦ e)が追加されました。

なお、旧規格の箇条 7.1.4 変更管理で述べていた、"独占権などによって詳細内容が開示されない設計に対しては、すべての影響が適切に評価できるよう、形状、組付け時の合い、機能（性能および耐久性を含む）への影響を、顧客とともにレビューする"という記述は、なくなりました。

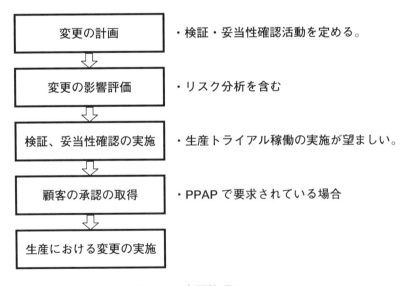

図 8.53　変更管理のフロー

8.5.6.1.1　工程管理の一時的変更（IATF 16949 追加要求事項）

[IATF 16949 追加要求事項のポイント]

緊急事態の発生や、リコールで生産量が急増した場合など、一時的に製造サイトや製造工程を変更する場合の管理について、図8.54 ①～⑦に示す事項を実施することを求めています。代替工程管理プロセスの文書化が要求されています。

[旧規格からの変更点]（変更の程度：大）

新規要求事項です。

項　目	実施事項
代替工程管理プロセスの文書化 (8.5.6.1.1)	①　検査・測定・試験・ポカヨケ装置を含む、工程管理のリストを特定・文書化・維持する。バックアップまたは代替法が存在する場合、このリストには、主要な工程管理および承認されたバックアップまたは代替方法を含める。
	②　代替管理方法の使用を運用管理するプロセスを文書化する。 ・リスク分析（FMEAのような）にもとづいて、重大性および代替管理方法の生産実施の前に取得する内部承認を含める。
	③　代替手法を使用して、検査・試験された製品の出荷の前に、顧客の承認を取得する（要求される場合）。 ・コントロールプランに引用され、承認された代替工程管理方法のリストを維持し、定期的にレビューする。
作業指示書 (8.5.6.1.1)	④　代替工程管理に対して、標準作業指示書が利用可能にする。 ・コントロールプランに定められた標準工程に可及的速やかに復帰することを目標とする、標準作業の実施を検証するために、代替工程管理の運用を、日常的にレビューする。
工程管理の方法 (8.5.6.1.1)	⑤　工程管理の方法例には、次の事項を含める。 a)　日常的品質重視監査（例（該当する場合には必ず）階層別工程監査、layered process audit）、　b)日常的リーダーシップ会議
再稼働の検証 (8.5.6.1.1)	⑥　再稼働の検証は、定められた期間内に、重大性・ポカヨケ装置・製造工程のすべての機能が有効に復帰していることを確認し、文書化する。
代替工程のトレーサビリティ (8.5.6.1.1)	⑦　代替工程管理装置・製造工程が使用されていた間に生産されたすべての製品に対して、トレーサビリティを実施する。 ・例　全シフトから得られた初品・終品の検証・保管

図 8.54　工程管理の一時的変更（代替製造工程の管理）

8.6 製品およびサービスのリリース(ISO 9001 要求事項)

[ISO 9001 要求事項のポイント]

製品・サービスの検証とリリースに関して、図8.55 ①〜③に示す事項を実施することを求めています。

リリース(release)とは、"プロセスの次の段階または次のプロセスに進めることを認めること"と定義されています。すなわち、受入検査・工程内検査・最終検査などの検証を行った後に、顧客に出荷または次工程に進めることをいいます。図8.55 ③は、リリースを判断した合否判定基準への適合の証拠と、リリースを正式に許可した人の名前・番号などの特定情報を記録として保管することを述べています。

[旧規格からの変更点](旧規格 8.2.4)(変更の程度:小)

大きな変更はありません。

項　目	実施事項
製品・サービスの検証とリリース(8.6)	①　製品・サービスの要求事項を満たしていることを検証するために、(適切な段階において)計画した取決めを実施する。
	②　計画した取決めが問題なく完了するまでは、顧客への製品・サービスのリリースを行わない。 ・ただし、当該の権限をもつ者が承認し、かつ顧客が承認したときは、この限りではない。
	③　製品・サービスのリリースについて文書化した情報を保持する(記録)。これには、次の事項を含む。 a)　合否判定基準への適合の証拠 b)　リリースを正式に許可した人に対するトレーサビリティ
コントロールプラン(8.6.1)	④　製品・サービスの要求事項が満たされていることを検証するための計画した取決めが、コントロールプランを網羅し、かつコントロールプランに規定されたように文書化されていることを確実にする。
製品・サービスのリリース(8.6.1)	⑤　製品・サービスの初回リリースに対する計画した取決めが、製品・サービスの承認を網羅することを確実にする。
	⑥　製品・サービスの承認が、箇条 8.5.6 変更の管理に従って、初回リリースに引続く変更の後に遂行されることを確実にする。

図 8.55　製品・サービスのリリース

8.6.1　製品およびサービスのリリース-補足(IATF 16949 追加要求事項)

[IATF 16949 追加要求事項のポイント]

製品・サービスの検証とリリースに関して、図8.55 ④～⑥に示す事項を実施することを求めています。

図8.55 ④～⑥は、次のことを述べています。

・④は、リリースの方法がコントロールプランに記載されていること
・⑤は、製品・サービスの初回リリースに対する承認の手順が決まっていること
・⑥は、変更管理に対する承認の手順が決まっていること

[旧規格からの変更点]（旧規格 8.2.4）（変更の程度：中）

図8.55 ④～⑥において、製品・サービスのリリースの具体的な内容が追加されました。

項　目	実施事項
レイアウト検査・機能試験 (8.6.2)	①　次の検査をコントロールプランに規定されたとおり、各製品に対して実施する。 ・レイアウト検査（寸法検査） ・顧客の材料・性能の技術規格に対する機能検証 ②　その結果は、顧客がレビューのために利用できるようにする。 ③　注記1　レイアウト検査とは、設計記録に示されるすべての製品寸法を完全に測定することである。 ④　注記2　レイアウト検査の頻度は、顧客によって決定される。
外観品目 (8.6.3)	⑤　"外観品目"として顧客に指定された組織の製造部品に対して、次の事項を提供する。 　a)　照明を含む、評価のための適切な資源 　b)　色・絞・光沢・金属性光沢・風合い・イメージの明瞭さ（DOI）のマスター、および触覚技術（必要に応じて） 　c)　外観マスターおよび評価設備の保全・管理 　d)　外観評価を実施する要員が、力量をもちそれを実施する資格を持っていることの検証

図8.56　レイアウト検査・機能試験および外観品目

8.6.2　レイアウト検査および機能試験（IATF 16949 追加要求事項）

［IATF 16949 追加要求事項のポイント］

　レイアウト検査（layout inspection）および機能試験（functional testing）に関して、図8.56 ①〜④に示す事項を実施することを求めています。

　レイアウト検査とは、製品図面などの設計文書に示されるすべての製品寸法を完全に測定することで、寸法検査または全寸法検査ともいいます。また機能試験は、仕様書などの設計文書に示されるすべての製品の特性を測定することです。レイアウト検査と機能試験は、コントロールプランに規定されたとおりに実施します。なお、レイアウト検査と機能試験の頻度は、例えば年1回などのように、通常顧客によって指定されます。

［旧規格からの変更点］（旧規格 8.2.4.1）（変更の程度：小）

　寸法検査からレイアウト検査に名称が変わりましたが、大きな変更はありません。

8.6.3　外観品目（IATF 16949 追加要求事項）

［IATF 16949 追加要求事項のポイント］

　外観品目（appearance items）の管理に関して、図8.56 ⑤に示す事項を実施することを求めています。

　外観品目とは、外観が重要で、顧客から外観品目として指定された製品のことです。顧客から外観品目として指定された製品を製造する場合、照明などの適切な資源、必要なマスター（標準見本）、資格認定された外観検査要員を準備します。

　外観品目は、一般的に自動車を利用する人が見えるところに使用される製品（自動車部品）に対して、顧客によって指定されます。

　したがって、例えばボンネットを開けたときに見えるエンジンルーム内のエンジンやバッテリーなどの部品や、外からは見えないカーナビの内部に使われている部品などは、外観が重要ではないという訳ではありませんが、一般的には外観品目として指定されません。

［旧規格からの変更点］（旧規格 8.2.4.2）（変更の程度：小）

　図8.56 ⑤ b）の触覚技術が追加されました。

8.6.4 外部から提供される製品およびサービスの検証および受入れ(IATF 16949 追加要求事項)

[IATF 16949 追加要求事項のポイント]

外部から提供される製品・サービスの検証および受入れに関して、図8.57 ①に示す事項を実施することを求めています。

図 8.57 ① a)は、供給者から統計データを受領し、それを評価するものです。例えば工程能力指数(C_{pk})などの統計的なデータです。統計的なデータを評価することによって、製造工程の能力を知ることができます。

b)は、一般的に行われている、受入検査の方法です。

c)は、供給者に対して監査を行うものです。

ここでc)は、製造工程と検査・試験の状況だけでなく、設備の管理状況、作業環境、作業者の行動などについても評価することができ、好ましい方法といえます。なお、"受入可能な納入製品の要求事項への適合の記録を伴う"とあるのは、供給者から購入している製品(部品)のデータの確認を含めた、供給者の製造工程監査ということです。

[旧規格からの変更点]（旧規格 7.4.3.1）（変更の程度：小）

大きな変更はありません。

項　目	実施事項
外部提供製品・サービスの検証・受入（8.6.4）	①次の方法の一つ以上を用いて、外部から提供されるプロセス・製品・サービスの品質を確実にするプロセスをもつ。 a)　供給者から組織に提供された統計データの受領・評価 b)　受入検査・試験（パフォーマンスにもとづく抜取検査のような） c)　供給者の拠点の第二者・第三者の評価または監査（受入可能な納入製品の要求事項への適合の記録を伴う） d)　指定された試験所による部品評価 e)　顧客と合意した他の方法

図 8.57　外部提供製品の検証

8.6.5　法令・規制への適合（IATF 16949 追加要求事項）

[IATF 16949 追加要求事項のポイント]

外部から提供されるプロセス・製品・サービスの法令・規制への適合に関して、図 8.58 ①に示す事項を実施することを求めています。

箇条 8.4.2.2 と関連した要求事項です。

[旧規格からの変更点]（旧規格 7.4.1.1）（変更の程度：小）

大きな変更はありません。

8.6.6　合否判定基準（IATF 16949 追加要求事項）

[IATF 16949 追加要求事項のポイント]

合否判定基準に関して、図 8.58 ②、③に示す事項を実施することを求めています。

合否判定基準は、基本的には組織が決めることになりますが、場合によっては、顧客の承認が必要となることがあります。

抜取検査における計数データの合否判定水準には、いろいろなレベルのものがありますが、ここでは不良ゼロ（ゼロ・ディフェクト）を採用することを述べています。

[旧規格からの変更点]（旧規格 7.1.2）（変更の程度：小）

大きな変更はありません。

項　目	実施事項
法令・規制への適合 (8.6.5)	①　自社の生産フローに外部から提供される製品をリリースする前に、外部から提供されるプロセス・製品・サービスが、製造された国、および（提供された場合）顧客指定の仕向国における最新の法令・規制・他の要求事項に適合していることを確認し、それを証明する証拠を提供できるようにする。
合否判定基準 (8.6.6)	②　合否判定基準は、組織によって定められ、顧客の承認を得る（必要に応じて、または要求がある場合）。 ③　抜取検査における計数データの合否判定水準は、不良ゼロ（ゼロ・ディフェクト）とする。

図 8.58　法令・規制への適合、および合否判定基準

8.7 不適合なアウトプットの管理

8.7.1 （一般）(ISO 9001 要求事項)
8.7.2 （文書化）(ISO 9001 要求事項)

[ISO 9001 要求事項のポイント]

不適合製品の管理に関して、図 8.59 ①～④および⑥に示す事項を実施することを求めています。

[旧規格からの変更点]（旧規格 8.3）（変更の程度：小）

大きな変更はありません。

項　目	実施事項
不適合なアウトプットの管理 (8.7.1) 不適合の管理－顧客規定のプロセス (8.7.1.2)	①　要求事項に適合しないアウトプット（製品）が誤って使用されること、または引き渡されることを防ぐために、それらを識別し、管理することを確実にする。 ②　不適合の性質、およびそれが製品・サービスの適合に与える影響にもとづいて、適切な処置をとる。 ・これは、製品の引渡し後、サービスの提供中または提供後に検出された、不適合な製品・サービスにも適用する。 ③　次の一つ以上の方法を用いて、不適合なアウトプットを処理する。 　a)　修正 　b)　製品・サービスの分離・散逸防止・返却・提供停止 　c)　顧客への通知 　d)　特別採用による受入の正式な許可の取得 ④　不適合なアウトプットに修正を施したときには、要求事項への適合を検証する。 ⑤　**不適合製品に対して、顧客指定のプロセスに従う。**
文書化 (8.7.2)	⑥　次の事項を満たす文書化した情報を保持する（記録）。 　a)　不適合が記載されている。 　b)　とった処置が記載されている。 　c)　取得した特別採用が記載されている。 　d)　不適合の処置について決定する権限をもつ者を特定している。

図 8.59　不適合製品の管理

8.7.1.1 　特別採用に対する顧客の正式許可（IATF 16949 追加要求事項）

［IATF 16949 追加要求事項のポイント］

　特別採用に対する顧客の正式許可に関して、図 8.60 ①～⑦に示す事項を実施することを求めています。図 8.60 ①は、不適合製品だけでなく製造工程が現在承認されているものと異なる場合は、顧客の特別採用（または逸脱許可）が必要であること、また②は、不適合製品の現状での使用（特別採用）および手直し処置の前に、顧客の正式認可が必要であることを述べています。

［旧規格からの変更点］（旧規格 8.3.4）（変更の程度：中）

　図 8.60 ②、③が追加されています。

8.7.1.2 　不適合の管理－顧客規定のプロセス（IATF 16949 追加要求事項）

［IATF 16949 追加要求事項のポイント］

　図 8.59 ⑤において、不適合製品に対して、顧客指定のプロセスに従うことを述べています。

［旧規格からの変更点］（旧規格 8.3）（変更の程度：中）

　新規要求事項です。

項　目	実施事項
顧客の承認 （8.7.1.1）	①　製品・製造工程が現在承認されているものと異なる場合は、その後の処理の前に顧客の特別採用・逸脱許可を得る。 ②　不適合製品の"現状での使用"および修理（8.7.1.5 参照）する以降の処理を進める前に顧客の正式認可を受ける。 ③　構成部品が製造工程で再使用される場合は、その構成部品は、特別採用・逸脱許可によって、明確に顧客に伝達する。
特別採用の管理 （8.7.1.1）	④　特別採用によって認可された満了日・数量の記録を維持する。 ⑤　認可が満了となった場合、元のまたは置き換わった新たな仕様書および要求事項に適合していることを確実にする。 ⑥　特別採用として出荷される材料は、各出荷容器上で適切に識別する（これは、購入された製品にも適用する）。
供給者に対する 特別採用（8.7.1.1）	⑦　供給者からの特別採用の要請に対して、顧客に特別採用を申請する前に、組織として承認する。

図 8.60　特別採用

8.7.1.3　疑わしい製品の管理（IATF 16949 追加要求事項）

［IATF 16949 追加要求事項のポイント］

　未確認または疑わしい状態の製品の管理に関して、図8.61 ①、②に示す事項を実施することを求めています。不適合製品と同様の管理が必要です。

　［旧規格からの変更点］（旧規格 8.3.1）（変更の程度：小）

　図8.61 ②の教育訓練が追加されました。

8.7.1.4　手直し製品の管理（IATF 16949 追加要求事項）

［IATF 16949 追加要求事項のポイント］

　手直し製品（reworked product）の管理に関して、図8.61 ③〜⑦に示す事項を実施することを求めています。

　手直し製品の管理の文書化したプロセスを求めています。

　［旧規格からの変更点］（旧規格 8.3.2）（変更の程度：中）

　手直し製品の管理の具体的な内容が追加されました。

8.7.1.5　修理製品の管理（IATF 16949 追加要求事項）

［IATF 16949 追加要求事項のポイント］

　修理製品（repaired product）の管理に関して、図8.62 ⑧〜⑬に示す事項を実施することを求めています。修理確認のプロセスの文書化を求めています。

　ここで、手直し製品の管理と修理製品の管理について、比較してみましょう。

　手直し（rework）と修理（repair）は、次のように定義されています。

・手直しとは、要求事項に適合させるため、不適合となった製品・サービスに対してとる処置である。手直しは、不適合となった製品・サービスの部分に影響を及ぼすまたは部分を変更することがある。
・修理とは、意図された用途に対して受入れ可能とするため、不適合なった製品・サービスに対してとる処置である。不適合となった製品・サービスの修理が成功しても、必ずしも製品・サービスが要求事に適合するとは限らない。修理とあわせて、特別採用が必要となることがある。

　図8.61 ④、⑨は、手直し製品は、顧客から要求されている場合は、手直し

を行う前に顧客の承認が必要ですが、修理を行う場合は、必ず顧客の承認が必要であることを述べています。

また図8.61 ⑥および⑪は、手直しや修理が行われたことがわかるように、トレーサビリティがとれるようにすることを述べています。

[旧規格からの変更点]（変更の程度：大）

新規要求事項です。

項　目	実施事項
疑わしい製品の管理 （8.7.1.3）	①　未確認または疑わしい状態の製品は、不適合製品として分類し管理することを確実にする。 ②　すべての適切な製造要員が、疑わしい製品および不適合製品の封じ込めの教育訓練を受けることを確実にする。
手直し製品の管理 （8.7.1.4）	③　製品を手直しする判断の前に、手直し工程におけるリスクを評価するために、リスク分析（FMEAのような）の方法論を活用する。 ④　製品の手直しを開始する前に、顧客の承認を取得する（顧客から要求される場合）。 ⑤　コントロールプラン（または他の関連する文書化した情報）に従って、原仕様への適合を検証する、手直し確認の文書化したプロセスをもつ。 ⑥　再検査・トレーサビリティ要求事項を含む、分解・手直し指示書は、適切な要員がアクセスでき、利用できるようにする。 ⑦　量・処置・処置日・該当するトレーサビリティ情報を含めて、手直しした製品の処置に関する文書化した情報を保持する（記録）。
修理製品の管理 （8.7.1.5）	⑧　製品を修理する判断の前に、修理工程におけるリスクを評価するために、リスク分析（FMEAのような）の方法論を活用する。 ⑨　製品の修理を開始する前に、顧客から承認を取得する。 ⑩　コントロールプラン（または他の関連する文書化した情報）に従って、修理確認の文書化したプロセスをもつ。 ⑪　再検査・トレーサビリティ要求事項を含む、分解・修理指示書は、適切な要員がアクセスでき、利用できるようにする。 ⑫　修理される製品の特別採用について、文書化した顧客の正式許可を取得する（記録）。 ⑬　量・処置・処置日・該当するトレーサビリティ情報を含めて、修理した製品の処置に関する文書化した情報を保持する（記録）。

図8.61　疑わしい製品、手直し製品および修理製品の管理

8.7.1.6 顧客への通知（IATF 16949 追加要求事項）

［IATF 16949 追加要求事項のポイント］

不適合製品が出荷された場合の顧客への通知に関して、図 8.62 ①、②に示す事項を実施することを求めています。

［旧規格からの変更点］（旧規格 8.3.3）（変更の程度：小）

図 8.62 ②が追加されました。

8.7.1.7 不適合製品の廃棄（IATF 16949 追加要求事項）

［IATF 16949 追加要求事項のポイント］

不適合製品の廃棄に関して、図 8.62 ③〜⑤に示す事項を実施することを求めています。

不適合製品の廃棄プロセスの文書化を求めています。

図 8.62 ④は、不適合製品が、意図されない用途に使用できないようにすることを、そして⑤は、不適合製品を本来以外の用途に使用する場合は、事前に顧客の承認が必要であることを述べています。

［旧規格からの変更点］（変更の程度：大）

新規要求事項です。

項　目	実施事項
顧客への通知 （8.7.1.6）	①　不適合製品が出荷された場合には、顧客に対して速やかに通知する。 ②　初回の伝達に引き続き、その事象の詳細な文書を提供する。
不適合製品の廃棄 （8.7.1.7）	③　手直しまたは修理できない不適合製品の廃棄に関する文書化したプロセスをもつ。 ④　要求事項を満たさない製品に対して、スクラップ（scrap、廃棄）される製品が廃棄の前に使用不可の状態にされていることを検証する。 ⑤　事前の顧客承認なしで、不適合製品をサービスまたは他の使用に流用しない。

図 8.62　顧客への通知および不適合製品の廃棄

第9章 パフォーマンス評価

本章では、IATF 16949 規格(箇条 9)の"パフォーマンス評価"について述べています。

この章の IATF 16949 規格要求事項の項目は、次のようになります。

9.1	監視,測定,分析および評価
9.1.1	一般
9.1.1.1	製造工程の監視および測定
9.1.1.2	統計的ツールの特定
9.1.1.3	統計概念の適用
9.1.2	顧客満足
9.1.2.1	顧客満足-補足
9.1.3	分析および評価
9.1.3.1	優先順位づけ
9.2	内部監査
9.2.1	(内部監査の目的)
9.2.2	(内部監査の実施)
9.2.2.1	内部監査プログラム
9.2.2.2	品質マネジメントシステム監査
9.2.2.3	製造工程監査
9.2.2.4	製品監査
9.3	マネジメントレビュー
9.3.1	一般
9.3.1.1	マネジメントレビュー-補足
9.3.2	マネジメントレビューへのインプット
9.3.2.1	マネジメントレビューへのインプット-補足
9.3.3	マネジメントレビューからのアウトプット
9.3.3.1	マネジメントレビューからのアウトプット-補足

9.1 監視、測定、分析および評価

9.1.1 一般(ISO 9001 要求事項)

[ISO 9001 要求事項のポイント]

監視・測定・分析・評価に関して、図9.1 ①~③に示す事項を実施することを求めています。

図9.1 ① a)において、監視・測定が必要な対象を決定することを求めています。その代表的なものは、品質マネジメントシステムの各プロセスの監視・測定となるでしょう。

また、ISO 9001 規格では、図9.2 に示すように、要求事項の各所において監視(monitoring)を求めています。これらの監視が必要となります。

[旧規格からの変更点]（旧規格8.1）（変更の程度：中）

図9.1、図9.2 に示すように監視対象が多くなっています。

[IATF 16949 追加要求事項のポイント]

この項におけるIATF 16949の追加要求項目はありません。しかし図9.2 に示すように、ISO 9001 規格だけでなくIATF 16949 規格においても、監視対象項目が多くなっています。

項 目	実施事項
監視・測定の対象・方法・時期 (9.1.1)	① 監視・測定に関して、次の事項を決定する。 　a) 監視・測定が必要な対象 　b) 妥当な結果を確実にするために必要な、監視・測定・分析・評価の方法 　c) 監視・測定の実施時期 　d) 監視・測定の結果の分析・評価の時期
有効性の評価 (9.1.1)	② 品質マネジメントシステムのパフォーマンスと有効性を評価する。
文書化 (9.1.1)	③ この結果の証拠として、適切な文書化した情報を保持する(記録)。

図9.1　監視・測定・分析・評価

第9章　パフォーマンス評価

箇条番号	監視項目
4.1	外部・内部の課題に関する情報の監視
4.2	利害関係者とその関連する要求事項に関する情報の監視
6.2.1	品質目標の監視
7.1.5.1	要求事項に対する製品・サービスの適合を検証するための監視
8.1.1	製品・製品の合否判定基準に固有の監視
8.3.3.3	製品・生産工程の特殊特性に対する監視
8.3.4.1	製品・工程の設計・開発中の監視
8.3.4.3	試作プログラムにおける性能試験活動の監視
8.3.5	設計・開発からのアウトプットの監視
8.4.1	外部提供者の評価・選択・パフォーマンスの監視
8.4.3	外部提供者のパフォーマンスの監視
8.4.2.4	供給者パフォーマンス指標の監視
8.4.2.4.1	供給者の監視
8.4.2.5	供給者パフォーマンスの監視
8.5.1	製造・サービス提供の管理の監視
8.5.1.1	特殊特性に対する管理の監視
8.5.1.6	生産治工具ならびに製造・試験・検査治工具・設備の運用管理の作業がアウトソースされた場合の活動の監視
8.5.2	識別・トレーサビリティの監視
9.1.1	妥当な結果を確実にするための監視
9.1.1.1	製造工程の監視
9.1.2	顧客がどのように受けとめているかの情報の監視
9.1.2.1	製造工程パフォーマンスの監視

図 9.2　監視に関する要求事項

9.1.1.1　製造工程の監視および測定（IATF 16949 追加要求事項）
[IATF 16949 追加要求事項のポイント]

　製造工程の監視・測定に関して、図 9.3 ①〜⑩に示す事項を実施することを求めています。図 9.3 ①は、新規製造工程に対する工程能力（C_{pk}）調査の実施、③は、顧客の部品承認プロセス要求事項（PPAP）で要求された製造工程能力の維持、⑦は、統計的に能力不足または不安定な特性に対する、コントロールプランに記載された対応計画の開始、そして⑧は、工程が安定し、統計的に能力をもつようにするための是正処置の実施について述べています。

[旧規格からの変更点]（旧規格 8.2.3.1）（変更の程度：小）

図 9.3 ①の特殊特性の管理、②の代替の方法、④の PFMEA、および⑤ d) e)が追加されています。

項　目	実施事項
工程能力調査の実施 (9.1.1.1)	①　すべての新規製造工程に対して、工程能力を検証し、特殊特性の管理を含む工程管理への追加インプットを提供するために、工程調査を実施する。 ②　注記　製造工程によって、工程能力を通じて製品適合を実証することができない場合は、それらの製造工程に対して、仕様書に対する一括適合のような代替の方法を採用してもよい。
顧客に要求された工程能力の維持 (9.1.1.1)	③　顧客の部品承認プロセス要求事項(PPAP)で規定された製造工程能力(C_{pk})または製造工程性能(P_{pk})の結果を維持する。 ④　工程フロー図、PFMEA、およびコントロールプランが実施されることを確実にする。 ⑤　これには次の事項の順守を含める。 　a)　測定手法 　b)　抜取計画 　c)　合否判定基準 　d)　変数データに対する実際の測定値・試験結果の記録 　e)　合否判定基準が満たされない場合の対応計画・上申プロセス
工程の重大な出来事の記録 (9.1.1.1)	⑥　治工具の変更、機械の修理のような工程の重大な出来事は、文書化した情報として記録し保持する。
能力不足・不安定な特性に対する処置 (9.1.1.1)	⑦　統計的に能力不足・不安定のいずれかである特性に対して、コントロールプランに記載されている、仕様への適合の影響が評価された対応計画を開始する。 対応計画には、製品の封じ込めおよび全数検査を含める（必要に応じて）。 ⑧　工程が安定し、統計的に能力をもつようになることを確実にするために、特定の処置・時期・担当責任者を規定する是正処置計画を策定し、実施する。 ⑨　この計画は顧客とともにレビューし、承認を得る（顧客に要求される場合）。 ⑩　工程変更の実効日付の記録を維持する。

図 9.3　製造工程の監視・測定

9.1.1.2　統計的ツールの特定（IATF 16949 追加要求事項）

[IATF 16949 追加要求事項のポイント]

統計的ツールの特定に関して、図9.4 ①、②に示す事項を実施することを求めています。

図9.4 ①は、製品実現プロセスのどの段階でどのような統計的ツールを利用するかを決めること、②は、適切な統計的ツールを、APQP、DFMEA、PFMEA およびコントロールプランに含めることを述べています。

[旧規格からの変更点]（旧規格 8.1.1）（変更の程度：小）

図9.4 ②の統計的ツールの具体的な内容が追加されました。

9.1.1.3　統計概念の適用（IATF 16949 追加要求事項）

[IATF 16949 追加要求事項のポイント]

統計概念の適用に関して、図9.4 ③に示す事項を実施することを求めています。

図9.4 ③は、ばらつき、統計的管理状態（安定性）、工程能力（C_{pk}）、過剰調整（オーバーアジャストメント）の影響などの統計概念が、関係する従業員に理解されるようにすることを述べています。

項　目	実施事項
統計的ツールの特定 （9.1.1.2）	①　統計的ツールの適切な使い方を決定する。 ②　適切な統計的ツールが、下記に含まれていることを検証する。 ・先行製品品質計画（APQP、またはそれに相当する）プロセス ・設計リスク分析（DFMEA のような）（該当する場合には必ず） ・工程リスク分析（PFMEA のような） ・コントロールプラン
統計概念の適用（9.1.1.3）	③　次のような統計概念は、統計データの収集・分析・管理に携わる従業員に理解され、使用されるようにする。 ・ばらつき ・管理（安定性） ・工程能力（C_{pk}） ・過剰調整（オーバーアジャストメント、over-adjustment）によって起こる結果

図 9.4　統計的ツール

［旧規格からの変更点］（旧規格 8.1.2）（変更の程度：小）
大きな変更はありません。

9.1.2　顧客満足（ISO 9001 要求事項）

［ISO 9001 要求事項のポイント］

　顧客満足（customer satisfaction）情報の監視に関して、図 9.5 ①～③に示す事項を実施することを求めています。

　顧客満足度を監視することを述べています。顧客満足度の監視方法として、顧客がどのように受けとめているかについての情報を監視します。ISO 9000 規格では、"顧客の苦情がないことが、必ずしも顧客満足度が高いことではない"と述べています。顧客のクレーム低減の努力だけでは、顧客満足とはいえません。

［旧規格からの変更点］（旧規格 8.2.1）（変更の程度：小）
大きな変更はありません。

9.1.2.1　顧客満足－補足（IATF 16949 追加要求事項）

［IATF 16949 追加要求事項のポイント］

　顧客満足情報の監視に関して、図 9.5 ④～⑦に示す事項を実施することを求めています。

　内部・外部双方の顧客を考慮します。これは、IATF 16949 が、顧客志向プロセス（COP、customer oriented process）にもとづいた自動車産業のプロセスアプローチを重視しているためです。顧客満足度を監視するために、製品実現プロセスのパフォーマンスを継続的に評価します。

　図 9.5 ⑤ a）～ e）は、顧客から見える製品実現プロセスのパフォーマンスの監視について述べています。このうち d）の納期パフォーマンスに関係した特別輸送費の発生は、8.4.2.4（p.169）でも説明しましたが、品質やコストと同様に顧客満足に直接影響を与えます。納期実績には、納期の再調整の回数などを含めることができます。

　リコールのような市場での重大品質問題、または納入製品の重大な品質問題が発生すると、自動車メーカーは発注を一時凍結することがあります。このような事態に発行されるのが図 9.5 ⑤ e）の"特別通知"です。そしてこのような

第9章　パフォーマンス評価

項　目	実施事項
顧客満足情報の監視（9.1.2、**9.1.2.1**）	①　顧客のニーズと期待が満たされている程度について、顧客がどのように受け止めているかを監視する。 ②　この情報の入手・監視・レビューの方法を決定する。 ③　注記　顧客の受け止め方の監視には、例えば、顧客調査、提供した製品・サービスに関する顧客からのフィードバック、顧客との会合、市場シェアの分析、顧客からの賛辞、補償請求およびディーラ報告が含まれ得る。 ④　製品・プロセスの仕様書および他の顧客要求事項への適合を確実にするために、内部・外部の評価指標の継続的評価を通じて、顧客満足を監視する。
パフォーマンス指標（9.1.2.1）	⑤　パフォーマンス指標は、客観的証拠にもとづき、次の事項を含める。 　a)　納入した部品の品質パフォーマンス 　b)　顧客が被った迷惑 　c)　市場で起きた回収・リコール・補償（該当する場合には必ず） 　d)　納期パフォーマンス（特別輸送費が発生する不具合を含む） 　e)　品質・納期問題に関する顧客からの通知（特別状態を含む）
製造工程パフォーマンスの監視（9.1.2.1）	⑥　製品品質・プロセス効率に対する顧客要求事項への適合を実証するために、製造工程のパフォーマンスを監視する。 ⑦　監視には、オンライン顧客ポータル・顧客スコアカードを含む、顧客パフォーマンスデータのレビューを含める（提供される場合）。

図9.5　顧客満足

状態は特別状態と呼ばれます。

　図9.5⑥は、製品の品質とプロセスの効率が顧客要求事項に適合していることを証明するために、顧客からは見えない製造工程のパフォーマンスを監視することを述べています。これには、製造工程における不良率や生産性に関する指標が含まれます。顧客から見える製品実現プロセスのパフォーマンスの監視指標以外に、顧客からは見えない製造工程のパフォーマンスの監視指標が、顧客満足度の監視指標に含まれていることが、IATF 16949の特徴です。

　［旧規格からの変更点］（旧規格 8.2.11）（変更の程度：小）
　図9.5⑤c)、⑦が追加されています。

9.1.3　分析および評価（ISO 9001 要求事項）

[ISO 9001 要求事項のポイント]

　監視・測定データ・情報の分析・評価に関して、図 9.6 ①、②に示す事項を実施することを求めています。データ分析の目的は、図 9.6 ② a）～ g）に示すように、製品・サービスの適合、顧客満足度、品質マネジメントシステムのパフォーマンスと有効性、外部提供者のパフォーマンスの改善などがあります。

　どのようなデータを分析すればよいかについて、図 9.6 ①では具体的には述べていません。顧客満足、内部監査、品質マネジメントシステムの各プロセスの監視・測定および製品の監視・測定の結果得られたデータなどが、データ分析の対象（インプット）となります。

[旧規格からの変更点]（旧規格 8.4）（変更の程度：中）

　図 9.6 ② c）、d）、e）、g）が追加されています。

9.1.3.1　優先順位づけ（IATF 16949 追加要求事項）

[IATF 16949 追加要求事項のポイント]

改善処置の優先順位づけに関して、図 9.6 ③の事項の実施を求めています。

[旧規格からの変更点]（旧規格 8.4.1）（変更の程度：小）

旧規格箇条 8.4.1 データ分析および使用に対して、簡単になっています。

項　目	実施事項
分析・評価 （9.1.3）	① 監視・測定からの適切なデータおよび情報を分析し、評価する。 ② 分析の結果は、次の事項を評価するために用いる。 　a）　製品・サービスの適合 　b）　顧客満足度 　c）　品質マネジメントシステムのパフォーマンスと有効性 　d）　計画が効果的に実施されたかどうか。 　e）　リスクおよび機会に取り組むためにとった処置の有効性 　f）　外部提供者のパフォーマンス 　g）　品質マネジメントシステムの改善の必要性
優先順位づけ （9.1.3.1）	③ 品質・運用パフォーマンスの傾向は、目標への進展と比較し、顧客満足を改善する処置の優先順位づけを支援する処置につなげる。

図 9.6　分析・評価および優先順位づけ

9.2 内部監査

9.2.1 （内部監査の目的）（ISO 9001 要求事項）
9.2.2 （内部監査の実施）（ISO 9001 要求事項）

［ISO 9001 要求事項のポイント］

内部監査(internal audit)の目的と内部監査の実施事項に関して、図9.7 ①〜③に示す事項を実施することを求めています。

内部監査の目的として、図9.7 ① a)は適合性の確認、b)は有効性の確認について述べています。内部監査の詳細については、本書の第3章を参照ください。

［旧規格からの変更点］　（旧規格 8.2.2）（変更の程度：小）

大きな変更はありません。

項　目	実施事項
内部監査の目的 (9.2.1)	①　品質マネジメントシステムが、次の状況にあるか否かに関する情報を提供するために、あらかじめ定めた間隔で内部監査を実施する。 a)　品質マネジメントシステムは、次の事項に適合しているか。 　1)　品質マネジメントシステムに関して、組織が規定した要求事項 　2)　ISO 9001 規格の要求事項 b)　品質マネジメントシステムは、有効に実施され維持されているか。
実施事項 (9.2.2)	②　内部監査に関して、次の事項を行う。 a)　監査プログラムを計画・確立・実施および維持する。 　・頻度・方法・責任・計画要求事項および報告を含む。 　・監査プログラムは、関連するプロセスの重要性、組織に影響を及ぼす変更、および前回までの監査の結果を考慮に入れる。 b)　各監査について、監査基準と監査範囲を定める。 c)　監査プロセスの客観性・公平性を確保するために、監査員を選定し、監査を実施する。 d)　監査の結果を関連する管理層に報告することを確実にする。 e)　遅滞なく、適切な修正と是正処置を行う。 f)　監査プログラムの実施および監査結果の証拠として、文書化した情報を保持する（記録）。 ③　注記　手引として ISO 19011 を参照

図 9.7　内部監査

9.2.2.1　内部監査プログラム（IATF 16949 追加要求事項）

[IATF 16949 追加要求事項のポイント]

内部監査プログラムに関して、図9.8①～⑥に示す事項を実施することを求めています。文書化した内部監査プロセスが要求されています。

品質マネジメントシステム監査、製造工程監査および製品監査の3種類の監査を含めた内部監査プログラムを策定して実施することを述べています。

ソフトウェア開発能力評価を監査プログラムに含めること、および監査プログラムの有効性をマネジメントレビューでレビューすることを述べています。監査プログラムの有効性とは、監査が計画どおりに実施されたかどうかではなく、監査プログラムが監査の目的を達成したかどうかを確認することです。

内部監査プログラムに関しては、本書の第3章を参照ください。

[旧規格からの変更点]　（旧規格 8.2.2.4）（変更の程度：大）

内部監査プログラムの具体的な内容が追加されました。

項　目	実施事項
内部監査プログラムの策定 （9.2.2.1）	①　文書化した内部監査プロセスをもつ。 ②　内部監査プロセスには、下記の3種類の監査を含む、品質マネジメントシステム全体を網羅する、内部監査プログラムの策定・実施を含める。 ・品質マネジメントシステム監査 ・製造工程監査 ・製品監査
	③　監査プログラムは、リスク、内部・外部パフォーマンスの傾向、およびプロセスの重大性にもとづいて優先づけする。 ④　プロセス変更、内部・外部の不適合、および顧客苦情にもとづいて、監査頻度をレビューし、（必要に応じて）調整する。
ソフトウェアに対する内部監査 （9.2.2.1）	⑤　組織がソフトウェア開発の責任がある場合、ソフトウェア開発能力評価を監査プログラムに含める。
監査プログラムのレビュー （9.2.2.1）	⑥　監査プログラムの有効性は、マネジメントレビューの一部としてレビューする。

図 9.8　内部監査プログラム

9.2.2.2　品質マネジメントシステム監査（IATF 16949 追加要求事項）

［IATF 16949 追加要求事項のポイント］

品質マネジメントシステム監査に関して、図9.9 ①、②に示す事項を実施することを求めています（図9.10 参照）。

品質マネジメントシステム監査は、3年ごとの年次プログラムに従って、品質マネジメントシステムのプロセス（すべて）、および顧客固有の品質マネジメントシステム要求事項（サンプリング）に対して、プロセスアプローチ監査方式で行います。プロセスアプローチ監査の方法については、本書の第3章で説明しています。

［旧規格からの変更点］（旧規格 8.2.2.1）（変更の程度：中）

図9.9 ①、②のように、品質マネジメントシステム監査の具体的な内容が追加されました。

項　目	実施事項
品質マネジメントシステム監査 （quality management system audit） （9.2.2.2）	①　IATF 16949 規格への適合を検証するために、プロセスアプローチを使用して、各3暦年（calendar period）の期間の間、年次プログラム（annual programme）に従って、すべての品質マネジメントシステムのプロセスを監査する。 ②　それらの監査に統合させて、顧客固有の品質マネジメントシステム要求事項を、効果的に実施されているかに対してサンプリングを行う。
製造工程監査 （manufacturing process audit） （9.2.2.3）	③　製造工程の有効性と効率を判定するために、各3暦年の期間、工程監査のための顧客固有の要求される方法を使用して、すべての製造工程を監査する。 ④　各個別の監査計画の中で、各製造工程は、シフト引継ぎの適切なサンプリングを含めて、それが行われているすべての勤務シフトを監査する。 ⑤　製造工程監査には、工程リスク分析（PFMEA のような）、コントロールプラン、および関連文書が効果的に実施されているかの監査を含める。
製品監査 （product audit） （9.2.2.4）	⑥　要求事項への適合を検証するために、顧客に要求される方法を使用して、生産・引渡しの適切な段階で、製品を監査する。 ⑦　顧客によって定められていない場合、使用する方法を定める。

図 9.9　3種類の内部監査

9.2.2.3　製造工程監査(IATF 16949 追加要求事項)

[IATF 16949 追加要求事項のポイント]

製造工程監査に関して、図9.9③〜⑤に示す事項を実施することを求めています(図9.10参照)。

製造工程監査は、3年ごとの監査プログラムを作成すること、および顧客指定の監査方法を用いることを述べています。

製造工程監査では、製造工程の有効性だけでなく、効率の判定も含まれています。製造工程監査は、適合性よりも有効性と効率の判定を目的とすることを述べています。製造工程監査は、コントロールプランを用いて行うことができますが、コントロールプランどおりに製造や検査が行われているかということの適合性の確認ではなく、計画や目標が達成されているかという有効性や、生産が効果的に行われているかという効率に重点をおいた監査とします。

有効性の監査については、本書の第3章を参照ください。

[旧規格からの変更点]　(旧規格 8.2.2.2)　(変更の程度：中)

図9.9③〜⑤のように、製造工程監査の具体的な内容が追加されました。

監査の種類	目的	対象	方法・時期
品質マネジメントシステム監査	IATF 16949 規格への適合を検証するため	・すべてのプロセス ・顧客固有の品質マネジメントシステム要求事項(サンプリング)	・プロセスアプローチ方式 ・各3暦年の期間の間、年次プログラムに従って
製造工程監査	製造工程の有効性と効率を判定するため	・すべての製造工程 ・すべての勤務シフト(シフト引継ぎのサンプリング)	・顧客指定の方法 ・PFMEA・コントロールプラン・関連文書が効果的に実施されているかの監査を含める。 ・各3暦年の期間
製品監査	要求事項への適合を検証するため	・製品	・顧客指定の方法 ・(顧客指定の方法がない場合)使用する方法を定める。 ・生産・引渡しの適切な段階で

図9.10　各内部監査の比較

9.2.2.4　製品監査（IATF 16949 追加要求事項）

[IATF 16949 追加要求事項のポイント]

　製品監査に関して、図9.9 ⑥～⑦に示す事項を実施することを求めています（図9.10参照）。製品監査では、製品規格を満たしているかどうかを確認します。製品検査で行われる製品の機能や特性のほか、通常の製品検査では行われない、包装やラベルなどについても確認することになります。

　製品監査は、顧客指定の監査方法を用いることを述べています。

　コントロールプランの管理項目と製品監査の項目の関係の例を、図9.11に示します。製品監査では、次のような項目を含めるとよいでしょう。

・コントロールプランで規定されている製品の検査・試験項目、特に特殊特性は重要
・包装・ラベリングなど、通常の製品検査では行われない項目
・IATF 16949 規格（箇条 8.5.1-f）におけるプロセスの妥当性確認が必要な項目、すなわち、製品としては簡単に検査・試験ができない製品特性（いわゆる特殊工程といわれる特性）
・アウトソース先で検査が行われている製品特性
・ソフトウェアの検証
・定期検査の項目

　製品監査の時期について、図9.9 ⑥では、"生産・引渡しの適切な段階で"と述べています。通常は、完成した製品置き場からサンプリングをして検査をしますが、完成品になってからでは検査ができない項目については、製造工程の途中で行います。

　製品監査は、他の内部監査と同様、検査員ではなく、製品監査担当の内部監査員が行うようにします。製品の機能などについて、内部監査員自らが検査できればベストですが、それができない場合は、監査員がサンプリングを行って、監査員の目の前で検査員に測定させて確認する方法なども考えられます。

[旧規格からの変更点]　（旧規格 8.2.2.3）（変更の程度：小）

　大きな変更はありません。

　図9.9 ⑦のように、製品監査は、顧客指定の監査方法を用いることが追加されました。

工程 (プロセスステップ)	コントロールプランにある管理特性		コントロールプランにない製品特性
	製品特性	工程パラメータ	
1 材料受入検査	**材料特性**	－	
2 材料加工(1)	－	加工条件の管理	
3 工程内検査	**寸法検査** **特性検査**	－	
4 材料加工(2)	－	省略(アウトソース先で実施)	
5 工程内検査	省略(アウトソース先で実施)	－	**寸法検査** **特性検査**
6 熱処理	－	熱処理炉の管理 ・温度、時間など	
7 熱処理後の検査	省略(妥当性確認済プロセス)	－	**製品強度試験**
8 製品組立	－	組立機の定期点検	
9 最終検査(1)	**寸法検査** **特性検査**		
10 ソフトウェアインストール	**ソフトウェア検証**		
11 最終検査(2)	**外観検査**	－	
12 包装、ラベリング	省略(検査後の工程であるため)	包装・ラベリング装置の定期点検	**包装・ラベリング状態の検査**
13 定期検査	**レイアウト検査** **機能試験** **信頼性試験**		
製品監査	上記太字の項目		上記太字の項目

［備考］ 太字は製品監査の項目を示す。

図 9.11 コントロールプランの管理項目と製品監査の項目(例)

9.3　マネジメントレビュー

9.3.1　一般（ISO 9001 要求事項）

［ISO 9001 要求事項のポイント］

マネジメントレビューに関して、図 9.12 ①に示す事項を実施することを求めています。

［旧規格からの変更点］（旧規格 5.6.1）（変更の程度：小）

大きな変更はありません。

9.3.1.1　マネジメントレビュー－補足（IATF 16949 追加要求事項）

［IATF 16949 追加要求事項のポイント］

マネジメントレビューに関して、図 9.12 ②、③に示す事項を実施することを求めています。マネジメントレビューは、少なくとも年次で実施すること、および品質マネジメントシステムおよびパフォーマンスに関係する問題に影響する、内部・外部の変化による顧客要求事項への適合のリスクにもとづいて、マネジメントレビューの頻度を増やすことを述べています。すなわち、内部・外部の変化や顧客要求事項への適合のリスクについて監視することが必要となり、このことがマネジメントレビューのインプット項目に含まれています。

［旧規格からの変更点］（（旧規格 5.6.1.1）変更の程度：小）

大きな変更はありません。

項　目	実施事項
マネジメントレビュー（9.3.1、9.3.1.1）	①　トップマネジメントは、品質マネジメントシステムが、引き続き、適切、妥当かつ有効で、さらに組織の戦略的な方向性と一致していることを確実にするために、あらかじめ定めた間隔で、品質マネジメントシステムをレビューする。
	②　マネジメントレビューは、少なくとも年次で実施する。 ③　品質マネジメントシステムおよびパフォーマンスに関係する問題に影響する、内部・外部の変化による顧客要求事項への適合のリスクにもとづいて、マネジメントレビューの頻度を増やす。

図 9.12　マネジメントレビュー

9.3.2　マネジメントレビューへのインプット（ISO 9001 要求事項）

[ISO 9001 要求事項のポイント]

マネジメントレビューへのインプットに関して、図9.13①に示す事項を実施することを求めています。すなわち図9.13①に述べた次のような項目も、マネジメントレビューのインプット項目となります。

- b)品質マネジメントシステムに関連する外部・内部の課題の変化
- c-7)外部提供者のパフォーマンス
- e)リスクおよび機会に取り組むためにとった処置の有効性

[旧規格からの変更点]（旧規格 5.6.2）（変更の程度：中）

図9.13① b)、c-2、5、7)、d)、e)が追加されています。

9.3.2.1　マネジメントレビューへのインプット－補足（IATF 16949 追加要求事項）

[IATF 16949 追加要求事項のポイント]

マネジメントレビューへのインプットに関して、図9.13②に示す事項を実施することを求めています。

図9.13② a)品質不良コスト（内部不適合・外部不適合のコスト）、b)プロセスの有効性の対策、c)プロセスの効率の対策、e)現行の運用の変更および新規施設または新規製品に対してなされる製造フィージビリティ評価、g)保全目標に対するパフォーマンスの計画、j)リスク分析（FMEAのような）を通じて明確にされた潜在的市場不具合の特定などの、IATF 16949 ならではのインプット項目が含まれています。

また図9.13には記載されていませんが、すでに説明したように、次の項目も、マネジメントレビューにおけるレビュー項目となります。

- 設計・開発プロセスの監視結果（箇条 8.3.4.1）
- 監査プログラムの有効性（箇条 9.2.2.1）

[旧規格からの変更点]（旧規格 5.6.1.1、5.6.2.1）（変更の程度：中）

マネジメントレビューのインプット項目が、図9.13②に示すように明確にされました。

第9章 パフォーマンス評価

項　目	実施事項
マネジメントレビューのインプット項目 （9.3.2、9.3.2.1）	① マネジメントレビューは、次の事項を考慮して計画し、実施する。 　a) 前回までのマネジメントレビューの結果とった処置の状況 　b) 品質マネジメントシステムに関連する外部・内部の課題の変化 　c) 次に示す傾向を含めた、品質マネジメントシステムのパフォーマンスと有効性に関する情報 　　1) 顧客満足および利害関係者からのフィードバック 　　2) 品質目標が満たされている程度 　　3) プロセスパフォーマンス、および製品・サービスの適合 　　4) 不適合・是正処置 　　5) 監視・測定の結果 　　6) 監査結果 　　7) 外部提供者のパフォーマンス 　d) 資源の妥当性 　e) リスクおよび機会に取り組むためにとった処置の有効性（6.1 参照） 　f) 改善の機会
	② マネジメントレビューへのインプットには、次の事項を含める。 　a) 品質不良コスト 　　・内部不適合のコスト 　　・外部不適合のコスト 　b) プロセスの有効性の対策 　c) プロセスの効率の対策 　d) 製品適合性 　e) 製造フィージビリティ評価（7.1.3.1 参照） 　　・現行の運用の変更に対して 　　・新規施設または新規製品に対して 　f) 顧客満足（9.1.2 参照） 　g) 保全目標に対するパフォーマンスの計画 　h) 補償のパフォーマンス（該当する場合には必ず） 　i) 顧客スコアカードのレビュー（該当する場合には必ず） 　j) リスク分析（FMEAのような）を通じて明確にされた潜在的市場不具合の特定 　k) 実際の市場不具合およびそれらが安全・環境に与える影響

図9.13　マネジメントレビューのインプット項目

9.3.3　マネジメントレビューからのアウトプット（ISO 9001 要求事項）

［ISO 9001 要求事項のポイント］

マネジメントレビューからのアウトプットに関して、図 9.14 ①、②に示す事項を実施することを求めています。

［旧規格からの変更点］（旧規格 5.6.3）（変更の程度：小）

旧規格の"品質方針および品質目標の変更の必要性"から、図 9.4 ① b)の"品質マネジメントシステムのあらゆる変更の必要性"に変更されました。

9.3.3.1　マネジメントレビューからのアウトプット—補足（IATF 16949 追加要求事項）

［IATF 16949 追加要求事項のポイント］

マネジメントレビューからのアウトプットに関して、図 9.14 ③に示す事項を実施することを求めています。

［旧規格からの変更点］（旧規格 5.6.3）（変更の程度：小）

図 9.14 ③が追加されています。

項　目	実施事項
マネジメントレビューのアウトプット項目（9.3.3、9.3.3.1）	①　マネジメントレビューからのアウトプットには、次の事項に関する決定と処置を含める。 a)　改善の機会 b)　品質マネジメントシステムのあらゆる変更の必要性 c)　資源の必要性 ②　マネジメントレビューの結果の証拠として、文書化した情報を保持する（記録）。 ③トップマネジメントは、顧客のパフォーマンス目標が達成されていない場合には、処置計画を文書化し、実施する。

図 9.14　マネジメントレビューのアウトプット項目

第10章 改善

本章では、IATF 16949 規格（箇条 10）の"改善"について述べています。

この章の IATF 16949 規格要求事項の項目は、次のようになります。

　　　　10.1　　　一般
　　　　10.2　　　不適合および是正処置
　　　　10.2.1　　（一般）
　　　　10.2.2　　（文書化）
　　　　10.2.3　　問題解決
　　　　10.2.4　　ポカヨケ
　　　　10.2.5　　補償管理システム
　　　　10.2.6　　顧客苦情および市場不具合の試験・分析
　　　　10.3　　　継続的改善
　　　　10.3.1　　継続的改善－補足

10.1　一　般（ISO 9001 要求事項）

[ISO 9001 要求事項のポイント]

品質マネジメントシステムの改善に関して、図10.1 ①～③に示す事項を実施することを求めています。

図10.1 ①は、組織としての改善の機会を明確にし、必要な処置を実施することを述べています。

改善の機会に含めるべき事項として、製品・サービスの改善だけでなく、② b) において、望ましくない影響の修正・防止・低減、すなわちリスクへの対応について述べています。

そしてc)では、品質マネジメントシステムのパフォーマンスと有効性の改善について述べています。パフォーマンスとは測定可能な結果、そして有効性は、計画した活動を実行し計画した結果を達成した程度です。

マネジメントレビューでは、適合性ではなく、パフォーマンスと有効性の改善状況をレビューすることが重要です。

[旧規格からの変更点]（変更の程度：大）

新規要求事項です。

項　目	実施事項
改善の機会の明確化と実施（10.1）	①　顧客要求事項を満たし、顧客満足を向上させるために、次の事項を実施する。 ・改善の機会を明確にする。 ・必要な処置を実施する。
改善の機会の内容（10.1）	②　改善の機会には、次の事項を含める。 　a)　次のための製品・サービスの改善 　　・要求事項を満たすため 　　・将来のニーズと期待に取り組むため 　b)　望ましくない影響の修正・防止・低減 　c)　品質マネジメントシステムのパフォーマンスと有効性の改善 ③　注記　改善には、例えば、修正・是正処置・継続的改善・現状を打破する変更・革新・組織再編を含めることができる。

図10.1　改善

10.2 不適合および是正処置

10.2.1 （一般）(ISO 9001 要求事項)
10.2.2 （文書化）(ISO 9001 要求事項)

［ISO 9001 要求事項のポイント］

不適合が発生した場合の修正・是正処置に関して、図10.2 ①～③に示す事項を実施することを求めています。

是正処置のフローを図10.8(p.231)に示します。

［旧規格からの変更点］（旧規格 8.3、8.5.2）（変更の程度：中）

図10.2 ① b-3)、e)、f)が追加されています。

項　目	実施事項
修正(10.2.1)	① 不適合が発生した場合、次の事項を行う(顧客苦情を含む)。 　a) その不適合に対処し、次の事項を行う(該当する場合には必ず)。 　　1) その不適合を管理し、修正するための処置をとる。 　　2) その不適合によって起こった結果に対処する。
是正処置 (10.2.1)	b) その不適合が再発または他のところで発生しないようにするため、次の事項によって、その不適合の原因を除去するための処置をとる必要性を評価する。 　　1) その不適合をレビューし、分析する。 　　2) その不適合の原因を明確にする。 　　3) 類似の不適合の有無、またはそれが発生する可能性を明確にする。 　c) 必要な処置を実施する。 　d) とったすべての是正処置の有効性をレビューする。 　e) 計画の策定段階で決定したリスクおよび機会を更新する(必要な場合)。 　f) 品質マネジメントシステムの変更を行う(必要な場合)。 ② 是正処置は、検出された不適合のもつ影響に応じたものとする。
文書化 (10.2.2)	③ 次に示す事項の証拠として、文書化した情報を保持する(記録)。 　a) 不適合の性質およびそれに対してとった処置 　b) 是正処置の結果

図10.2　不適合および是正処置

10.2.3　問題解決(IATF 16949 追加要求事項)

[IATF 16949 追加要求事項のポイント]

問題解決(problem solving)の方法に関して、図 10.3 ①、②に示す事項を実施することを求めています。次の事項を含む、問題解決の方法を文書化したプロセスをもつことを求めています。

a)　新製品開発・製造問題・市場不具合・監査結果などの、種々の問題への対応方法
b)　不適合なアウトプットの管理に必要な活動
c)　不適合の原因分析
d)　体系的是正処置の実施
e)　是正処置の有効性の検証
f)　適切な文書化した情報のレビュー・更新

[旧規格からの変更点]　(旧規格 8.5.2.1)(変更の程度:中)

問題解決の具体的な内容が追加されました。

項　目	実施事項
問題解決プロセスの文書化 (10.2.3)	①　次の事項を含む問題解決の方法を文書化したプロセスをもつ。 　a)　問題のさまざまなタイプ・規模に対する、定められたアプローチの仕方 　　・例　新製品開発、現行製造問題、市場不具合、監査所見 　b)　不適合なアウトプット(8.7 参照)の管理に必要な、封じ込め・暫定処置・関係する活動 　c)　根本原因分析・使用される方法論・分析・結果 　d)　体系的是正処置の実施 　　・類似のプロセス・製品への影響を考慮することを含む。 　e)　実施された是正処置の有効性の検証 　f)　適切な文書化した情報(例　PFMEA、コントロールプラン)のレビューおよび必要に応じた更新
顧客指定の問題解決手法 (10.2.3)	②　顧客がプロセス・ツール・問題解決のシステムをもっている場合、そのプロセス、ツール、またはシステムを使用する(顧客によって他に承認がない限り)。

図 10.3　問題解決

10.2.4　ポカヨケ（IATF 16949 追加要求事項）

［ISO 9001 要求事項のポイント］

ISO 9001 規格箇条 8.5.1-g）ヒューマンエラーを防止するための処置の実施は、ポカヨケのことを述べています。

［IATF 16949 追加要求事項のポイント］

ポカヨケ（error-proofing）手法の活用に関して、図 10.4 ①～⑥に示す事項を実施することを求めています。ポカヨケ手法の活用について決定する文書化したプロセスをもつことを求めています。

ポカヨケ手法は、プロセス FMEA やコントロールプランに記載すること、ポカヨケ装置の故障または模擬故障のテストを含めること、およびチャレンジ部品を使用される場合の管理について述べています。

チャレンジ（マスター）部品（challenge part、master part）とは、ポカヨケ装置の機能または点検ジグ（例　通止ゲージ）の妥当性確認に使用する、既知の仕様、校正されたおよび標準にトレーサブルな、期待された結果（合格または不合格）をもつ部品のことをいいます。

［旧規格からの変更点］（旧規格 8.5.2.2）（変更の程度：中）

ポカヨケの具体的な内容が追加されました。

項　目	実施事項
ポカヨケ手法の文書化（10.2.4）	①　ポカヨケ手法の活用を決定する文書化したプロセスをもつ。 ②　採用された手法の詳細は、プロセスリスク分析（PFMEA のような）に文書化し、試験頻度はコントロールプランに文書化する。 ③　そのプロセスには、ポカヨケ装置の故障または模擬故障のテストを含める。 ④　記録は維持する。
チャレンジ部品の管理（10.2.4）	⑤　チャレンジ部品が使用される場合、識別・管理・検証・校正する（実現可能な場合）。
ポカヨケ装置故障への対応（10.2.4）	⑥　ポカヨケ装置の故障には、対応計画を作成する。

図 10.4　ポカヨケ

10.2.5　補償管理システム（IATF 16949 追加要求事項）

［IATF 16949 追加要求事項のポイント］

　補償（warranty）に関して、図 10.5 ①～③に示す事項を実施することを求めています。

　補償とは、損失を金銭で償うことです。また、図 10.5 ②の NTF（no trouble found）は、不具合が発見されない（再現されない）ことをいいます。

［旧規格からの変更点］（変更の程度：中）

　新規要求事項です。

10.2.6　顧客苦情および市場不具合の試験・分析（IATF 16949 追加要求事項）

［IATF 16949 追加要求事項のポイント］

　顧客苦情および市場不具合の試験・分析に関して、図 10.6 ①～③に示す事項を実施することを求めています。

　日本の商習慣では、顧客クレームや市場不具合が発生した場合、その製品の販売者やメーカーが、調査・分析を行うことは常識といえます。しかし欧米の契約社会では、契約事項に含まれない限り、製品の販売者やメーカーには、無償で調査・分析を行わなければならないという責任はありません。そこで、この要求事項が、IATF 16949 に含まれることになったと考えられます

［旧規格からの変更点］（旧規格 8.5.2.4）（変更の程度：中）

　図 10.6 ②ソフトウェアの管理が追加されました。

項　目	実施事項
補償管理システム （10.2.5）	①（製品に対して補償を要求される場合）補償管理プロセスを実施する。 ② NTF（no trouble found）を含めて、そのプロセスに補償部品分析の方法を含める。 ③顧客に規定されている場合、その要求される補償管理プロセスを実施する。

図 10.5　補償管理システム

第10章 改善

項　目	実施事項
顧客苦情・市場不具合の試験・分析 （10.2.6）	① 顧客苦情・市場不具合に対して、回収された部品を含めて、分析する。 ・そして、再発防止のために問題解決・是正処置を開始する。 ② 顧客の最終製品内での、製品の組込みソフトウェアの相互作用の分析を含める（顧客に要求された場合）。 ③ 試験・分析の結果を、顧客組織内にも伝達する。

図10.6　顧客苦情・市場不具合の試験・分析

10.3　継続的改善（ISO 9001 要求事項）

［ISO 9001 要求事項のポイント］

品質マネジメントシステムの継続的改善に関して、図10.7 ①、②に示す事項を実施することを求めています。

図10.7 ①では、品質マネジメントシステムの適切性・妥当性・有効性を継続的に改善することを述べています。すなわち ISO 9001 の継続的改善の対象は、適合性と有効性です。効率やパフォーマンス（結果）の改善は要求事項とはなっていません。

［旧規格からの変更点］（旧規格 8.5.1）（変更の程度：中）

図10.7 ①の適切性・妥当性、および②が追加されています。

10.3.1　継続的改善－補足（IATF 16949 追加要求事項）

［IATF 16949 追加要求事項のポイント］

品質マネジメントシステムの継続的改善に関して、図10.7 ③～⑤に示す事項を実施することを求めています。

継続的改善プロセスの文書化が要求されています。

図10.7 ④ b)では、継続的改善のプロセスの対象として、"製造工程のばらつきと無駄の削減に重点を置いた製造工程の改善"について述べています。これは、適合性や有効性ではなく、工程のばらつきや無駄（不良品）という製造工程の"パフォーマンス（結果）"を改善するというものです。

項　目	実施事項
品質マネジメントシステムの継続的改善(10.3)	① 品質マネジメントシステムの適切性・妥当性・有効性を継続的に改善する。 ② 継続的改善の一環として取り組まなければならない必要性・機会があるかどうかを明確にするために、分析・評価の結果およびマネジメントレビューからのアウトプットを検討する。
継続的改善プロセスの文書化(10.3.1)	③ 継続的改善の文書化したプロセスをもつ。
IATF 16949の継続的改善(10.3.1)	④ 継続的改善のプロセスに次の事項を含める。 　a) 使用される方法論・目標・評価指標・有効性・文書化した情報の明確化 　b) 製造工程のばらつきと無駄の削減に重点を置いた、製造工程の改善計画 　c) リスク分析（FMEAのような） ⑤ 注記　継続的改善は、製造工程が統計的に能力をもち安定してから、または製品特性が予測可能で顧客要求事項を満たしてから、実施される。

図10.7　継続的改善

　また⑤では、"継続的改善は、製造工程が統計的に能力をもち安定してから、または製品特性が予測可能で顧客要求事項を満たしてから実施される"と述べています。一般的には、現状のレベルよりも高いレベルにすることはすべて改善ですが、IATF 16949における改善は、製造工程が統計的に能力をもち安定してから、または製品特性が予測可能で顧客要求事項を満たしてから実施される、すなわち製造工程が統計的に能力不足または不安定な状態を、一段よくする活動は、改善ではなく是正処置であるということになります。

　これは、製造工程が統計的に能力をもちかつ安定していることが、IATF 16949における顧客の要求であるため、それを満たさないレベルは不適合という考え方です。このようにIATF 16949の改善の解釈は、一般の解釈とは異なります。

　[旧規格からの変更点]（旧規格8.5.1.1、8.5.1.2）（変更の程度：中）
　図10.7 ③、④ c)が追加されています。

第 10 章　改　善

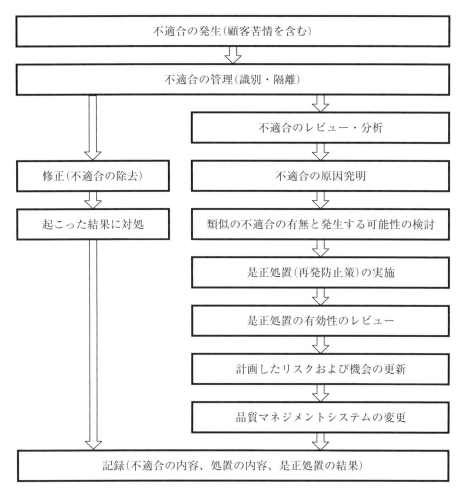

図 10.8　是正処置のフロー（本文 p.225 参照）

参考文献

[1] 日本規格協会編:『対訳 IATF 16949:2016 自動車産業品質マネジメントシステム規格－自動車産業の生産部品及び関連するサービス部品の組織に対する品質マネジメントシステム要求事項』、日本規格協会、2016 年

[2] 『自動車産業認証スキーム IATF 16949 － IATF 承認取得および維持のためのルール』、第 5 版、日本規格協会、2016 年

[3] ISO 9000:2015(JIS Q 9000:2015)『品質マネジメントシステム－基本および用語』、日本規格協会、2015 年

[4] ISO 9001:2015(JIS Q 9001:2015)『品質マネジメントシステム－要求事項』、日本規格協会、2015 年

[5] ISO 19011:2011(JIS Q 19011:2012)『マネジメントシステム監査のための指針』、日本規格協会、2012 年

[6] AIAG:Reference Manuals
　－『Advanced Product Quality Planning(APQP)and Control Plan』2nd edition, 2008
　－『Production Part Approval Process(PPAP)』4th edition, 2006
　－『Service Production Part Approval Process (Service PPAP)』1st edition, 2014
　－『Potential Failure Mode and Effects Analysis(FMEA)』4th edition, 2008
　－『Statistical Process Control(SPC)』2nd edition, 2005
　－『Measurement System Analysis(MSA)』4th edition, 2010

[7] 岩波好夫著:『図解 ISO/TS 16949 の完全理解－要求事項からコアツールまで』、日科技連出版社、2010 年

[8] 岩波好夫著:『図解 ISO/TS 16949 よくわかる自動車業界のプロセスアプローチと内部監査』、日科技連出版社、2010 年

[9] 『IATF 16949:2016 Sanctioned Interpretations(SI)』、IATF、2017 年、2018 年

索　引

[A-Z]

CAPDo ロジック	74
COP	54
CSR	29
FMEA	158、159
IAOB	18
IATF	17
IATF 16949 規格	31
IATF 承認取得ルール	18
MSA	120
OJT	124
TPM	181

[あ行]

アクセサリー部品	13
アフターマーケット部品	15
インフラストラクチャ	114
疑わしい製品	201
運用	137
運用の計画	138
エンパワーメント	128
オクトパス図	54、55

[か行]

改善	223
外観品目	196
外部試験所	122
監査員の力量	79
監査計画	65
監査プログラム	64
機会	49
企業責任	96
技術仕様書	134
機能試験	196
機密保持	139
供給者選定プロセス	163
供給者の開発	171
供給者の監視	169
供給者の品質マネジメントシステム開発	167
記録の保管	132
緊急事態対応計画	108
組込みソフトウェア	148、168
計画	103
継続的改善	230
工程管理の一時的変更	193
合否判定基準	198
効率	51、96
顧客とのコミュニケーション	140
顧客固有要求事項	29、89
顧客志向プロセス	54
顧客指定の供給者	163
顧客満足	210
コミュニケーション	128
コントロールプラン	175、176、177

索　引

[さ行]

サービス	189
サービス契約	189
サービス部品	13
サイト	14
作業環境	116
支援	113
支援プロセス	54
支援部門	14
識別	184
試験所	121
資源	114
試作プログラム	156
シャットダウン	179
修理製品	201
上申プロセス	94
初回認証審査	21、22
審査所見	25
生産計画	183
生産部品	13
製造工程監査	216
製造工程の監視・測定	207
製造フィージビリティ	143
製品安全	94
製品監査	217
製品設計の技能	148
是正処置	225
設計・開発	145
測定システム解析	120
ソフトウェア	148、168

[た行]

タートル図	53、56、57
第二者監査	170
第二者監査員の力量	127
妥当性確認	153
段取り替え	179
知識	123
チャレンジ部品	227
適合書簡	25
適合性	51
適用範囲	13、87
手直し製品	201
特殊特性	142、152
特別採用	200
特別承認	94
トレーサビリティ	184

[な行]

内部監査	213
内部監査員の力量	126
内部監査プログラム	214
内部試験所	121
認証プロセス	20
認識	128

[は行]

パフォーマンス評価	205
品質マニュアル	131
品質マネジメントシステム監査	215
品質マネジメントの原則	12
品質方針	99

品質目標	110		マネジメントレビュー	219
不適合製品の廃棄	203		問題解決	226
不適合なアウトプット	199			
プロセス	91		**[や行]**	
プロセスアプローチ	46、51、93		有効性	51、96
プロセスアプローチ監査	72		予知保全	181
プロセスオーナー	97		予防処置	107
プロセスマップ	55、56		予防保全	181
プロセスフロー図	59、60、102			
文書化	130		**[ら行]**	
変更管理	191		リーダーシップ	96
法令・規制への適合	198		力量	124
法令・規制要求事項	166		リスク	49
ポカヨケ	227		リスクおよび機会	104
補償管理システム	228		リスク分析	106
保存	188		リリース	194
			レイアウト検査	196
[ま行]				
マネジメントプロセス	54			

著者紹介

岩波 好夫(いわなみ よしお)

経　歴	名古屋工業大学 大学院 修士課程修了（電子工学専攻） 株式会社東芝入社 米国フォード社開発プロジェクトメンバー、半導体LSI開発部長、米国デザインセンター長、品質保証部長などを歴任
現　在	岩波マネジメントシステム代表 JRCA登録ISO 9000主任審査員（A01128） IRCA登録ISO 9000リードオーディター（A008745） AIAG登録QS-9000オーディター（CR05-0396、～2006年） 現住所：東京都町田市 趣味：卓球
著　書	『ISO 9000実践的活用』（オーム社）、『図解ISO 9000よくわかるプロセスアプローチ』、『図解ISO/TS 16949コアツール－できるFMEA・SPC・MSA』、『図解ISO/TS 16949の完全理解－要求事項からコアツールまで』（いずれも日科技連出版社）など

図解 よくわかる IATF 16949
―自動車産業の要求事項からプロセスアプローチまで―

2017 年 4 月 17 日　第 1 刷発行
2018 年 7 月 3 日　第 5 刷発行

　　　　　　　　　　著　者　岩　波　好　夫
　　　　　　　　　　発行人　戸　羽　節　文

　　　　　　　　　　発行所　株式会社 日科技連出版社
検印省略　　　　　　〒 151-0051　東京都渋谷区千駄ヶ谷 5-15-5
　　　　　　　　　　　　　　　　DS ビル
　　　　　　　　　　　　　　　電　話　出版　03-5379-1244
　　　　　　　　　　　　　　　　　　　営業　03-5379-1238

Printed in Japan　　　　　　　印刷・製本　河北印刷株式会社

© Yoshio Iwanami 2017　　　　　ISBN 978-4-8171-9612-5
URL http://www.juse-p.co.jp/

本書の全部または一部を無断で複写複製（コピー）することは、著作権法上での例外を除き、禁じられています。